T³⁸⁸ 2a 2

CORBEIL. — IMPRIMERIE CRÉTÉ-DE L'ARBRE

RAPPORTS ENTRE LES MALADIES DES YEUX

ET CELLES

DU NEZ ET DES CAVITÉS VOISINES

88
802

RAPPORTS

ENTRE LES

MALADIES DES YEUX

ET CELLES

DU NEZ ET DES CAVITÉS VOISINES

PAR

Le Dr Emile BERGER

(DE PARIS)

Communication faite à la Société de Médecine Pratique de Paris
Séances du 31 *décembre* 1891 *et du* 7 *janvier* 1892
(AVEC 6 FIGURES INTERCALÉES DANS LE TEXTE)

PARIS
OCTAVE DOIN, ÉDITEUR
8, PLACE DE L'ODÉON, 8

1892

RAPPORTS

ENTRE LES

MALADIES DES YEUX

ET CELLES

DU NEZ ET DES CAVITÉS VOISINES

Par le Dr Emile BERGER (de Paris)

Considérations générales.

Malgré le grand nombre de travaux publiés dans ces dernières années sur les rapports qui existent entre les maladies du nez et celles des yeux, ces rapports ne semblent pas encore suffisamment étudiés. Les relations entre ces deux organes sont très complexes. Il existe souvent une coïncidence fortuite, et qui néanmoins fait supposer une relation de cause à effet, entre certaines affections des organes olfactifs et ceux de la vision. Une maladie générale peut aussi par son retentissement simultané sur les deux organes, entraîner une affection des yeux et du nez.

L'anatomie nous fait connaître les voies de propagation d'un processus pathologique allant du nez vers l'organe de la vue et vice-versa. Les membranes muqueuses nasale et oculaire par leur continuité sont considérées, depuis fort longtemps, comme le chemin que suivent les processus pathologiques pour se propager de l'un des organes à l'autre. Mais il faut se rappeler aussi que l'orbite est entourée de cavités pneumatiques : en haut et en dedans, il y a le sinus frontal ; en bas, le sinus maxillaire. La paroi interne de l'orbite (la lame papyracée de l'ethmoïde) n'est autre chose que la paroi externe des cellules ethmoïdales ; une paroi, généralement très mince, sépare le canal optique du sinus sphénoïdal.

Des solutions de continuité, des espèces de déhiscences se trouvent très fréquemment, et sans que cela soit pathologique, dans les parois osseuses qui séparent les cavités pneumatiques de l'orbite, d'une part du canal optique, d'autre part. La membrane muqueuse des cavités pneumatiques recouvre alors le tissu orbitaire. Si une communication anormale de ce genre existe sur la paroi intéro-interne du canal optique, ainsi que je l'ai constaté dans des préparations anatomiques, la muqueuse du sinus sphénoïdal recouvre la gaîne externe du nerf optique. Ainsi, sans parler des voies lacrymales, nous voyons qu'un processus pathologique peut se propager du nez et des cavités voisines vers l'organe de la vision, et cela par des voies très nombreuses.

Indépendamment des affections qui se communiquent à l'organe visuel par voie directe, il en est qui peuvent l'atteindre par voie réflexe, provoquées par un processus pathologique siégeant dans le nez. Ce sont surtout ces troubles oculaires réflexes d'origine nasale qui ont été plus particulièrement étudiés, depuis les travaux si remarquables de M. Hack. Comme exemple des précautions qu'il faut prendre lorsqu'il s'agit de constater si un symptôme oculaire est, ou non, d'origine réflexe, je citerai le larmoiement qui se produit dans certaines maladies des fosses nasales ou des sinus avoisinants.

Ce larmoiement peut être d'origine réflexe et dû à une hypersécrétion de la glande lacrymale ; mais il peut aussi résulter : 1° du gonflement de la muqueuse du cornet inférieur ; 2° du gonflement de la muqueuse du canal naso-lacrymal ; 3° de la compression exercée sur le canal naso-lacrymal par une tumeur des cellules ethmoïdales antérieures. Aussi, faut-il être très prudent pour déclarer de nature réflexe le larmoiement qui survient dans les polypes du nez ; ce symptôme peut être produit, ou bien par voie réflexe, ou bien par une ou même plusieurs causes mécaniques, empêchant l'écoulement des larmes dans les fosses nasales.

De même, un rétrécissement du champ visuel, qui se développe dans le cours d'une maladie du nez, peut être d'origine réflexe, ou causé par une affection du nerf optique consécutive à un processus pathologique, qui s'est propagé du nez vers les cavités voisines.

Pour établir le diagnostic différentiel, il existe un moyen très simple : si l'on injecte une solution de cocaïne dans les fosses nasales ou si l'on fait une injection hypodermique de morphine, on fait disparaître ou l'on améliore sensiblement, pour un certain temps, les symptômes oculaires de nature réflexe.

A. — Déformations congénitales des os des cavités pneumatiques.

Nous avons vu que l'anatomie normale explique les rapports qui existent si fréquemment entre les maladies du nez et celles des yeux. On peut donc facilement admettre que des anomalies congénitales des os en question puissent retentir sur l'organe de la vue.

C'est ce qu'on observe surtout du côté de l'*ethmoïde*. Si cet os se développe d'une manière insolite dans le sens transversal, la distance entre les deux orbites devient exagérée, et l'effort des muscles droits internes ne suffit plus, par une raison toute mécanique, pour produire la convergence. C'est ainsi que se manifeste l'insuffisance des droits internes. Dans d'autres cas, il s'établit du strabisme divergent.

Lorsque l'ethmoïde atteint un développement excessif, la forme de l'orbite est anormale, et il peut en résulter de l'astigmatisme cornéen. Ce fait a surtout été établi par les remarquables travaux de M. Bresgen. La forme de la cornée et de toute la partie antérieure de l'œil est déterminée par l'action des muscles droits (E. Meyer, Leroy). Il se peut que, par suite d'insertions anormales, l'action de ces muscles (par suite de la déformation de l'orbite) soit aussi plus ou moins modifiée.

Si les cellules ethmoïdales antérieures sont excessivement développées, elles peuvent toucher la paroi postérieure du canal naso-lacrymal, ainsi que je l'ai observé sur des préparations anatomiques, et même entraîner un certain degré de rétrécissement de ce canal. Il est probable qu'il s'agit d'une anomalie congénitale de ce genre dans les cas publiés par M. Nieden ; ce savant observa, chez divers membres de la même famille, un larmoiement causé par une étroitesse congénitale du canal naso-lacrymal.

Des *anomalies dans la croissance du corps du sphénoïde* peuvent retentir sur le développement du canal et produire, comme je l'ai montré dans une autre communication, un étranglement du nerf optique dans le canal. En 1835, j'ai déjà établi, en effet, et l'autopsie de M. Ponfick (1888) en a fourni la confirmation, que l'étroitesse du canal optique a été la cause de l'atrophie congénitale du nerf optique dans quelques cas de déformations congénitales du crâne. Ce fait est surtout évident dans la trocho-céphalie où, par suite d'une synostose pathologique, il y a un arrêt de développement des divers os de la base du crâne. Cette atrophie peut probablement aussi se développer pendant la vie intra-utérine, par le fait de la croissance irrégulière du corps du sphénoïde.

Un grand nombre de considérations nous permettent d'admettre que le corps du sphénoïde puisse se développer aux dépens du canal optique. M. Zuckerkandl a démontré que les cellules ethmoïdales peuvent être tellement développées qu'elles remplissent une grande partie des sinus maxillaire et frontal.

La compression d'un tissu nerveux a des effets différents, suivant qu'elle se produit lentement ou d'une façon rapide (*Adamkiewicz*, *Kahler*). Dans ce dernier cas, elle entraîne l'atrophie du tissu nerveux. Mais si elle arrive lentement, le tissu nerveux s'y accoutume peu à peu ; on en trouve la preuve dans les observations cliniques des tumeurs de la moelle épinière et du cerveau qui se développent lentement. Les altérations anatomo-pathologiques qu'on observe dans ces derniers cas peuvent être caractérisées, d'après M. Kahler, par la *disparition presque complète de la gaîne myélinique.* D'accord avec M. Kahler, M. Adamkiewicz distingue trois degrés dans la compression du tissu nerveux. On peut observer : 1° la conservation de la fonction ; 2° des troubles passagers de la fonction ; 3° des troubles persistants de la fonction. Les altérations qui se rattachent à la compression du nerf optique dans le canal optique peuvent être facilement expliquées par la différence dans le degré de compression du tissu nerveux. Nous pouvons distinguer les degrés suivants :

a. — Décoloration du nerf optique avec acuité visuelle normale. L'aspect de la papille ressemble à celui qu'elle a dans l'atrophie du nerf optique. De Jaeger a décrit ce cas comme décoloration bleuâtre de la papille optique (Bläuliche Sehnervenverfärbung).

Pour moi, cette anomalie du fond de l'œil résulte de l'atrophie de la gaîne myélinique des fibres du nerf optique (1). Il est probable qu'il s'agit d'une anomalie analogue dans le cas décrit par M. Trousseau sous le nom de pseudo-atrophie du nerf optique. J'ai constaté une décoloration bleuâtre du nerf optique avec conservation de l'acuité visuelle dans un cas de trochocéphalie. Des cas semblables ont été décrits par E. de Jaeger et Schmidt — Rimpler.

b. — Décoloration du nerf optique avec diminution très faible de l'acuité visuelle. — J'en ai décrit un cas (dans ma chirurgie du sinus sphénoïdal, p. 20). Sans aucune cause appréciable, chez un jeune homme dont le fond de l'œil était auparavant normal, on constata, pendant la croissance, une décoloration du nerf optique des deux côtés, surtout à gauche.

L'aspect était celui de l'atrophie du nerf optique. L'acuité visuelle de l'œil droit était normale ; celle de l'œil gauche 5 : XXV, et du même côté il y avait un rétrécissement du champ visuel pour le blanc et les couleurs.

c. — Atrophie complète du nerf optique, se produisant à la fin de la croissance du corps du sphénoïde. — Il est probable qu'un certain nombre des cas — nous faisons abstraction de ceux débutant avec un scotome central — que l'on décrit sous les noms de : « atrophie héréditaire du nerf optique » (genuine Sehnerven-atrophie, maladie de Leber), et qui se produisent chez des jeunes gens de 18 à 20 ans, sont la conséquence d'une croissance irrégulière du corps du sphénoïde. Cette atrophie débute par des troubles de la vision, brouillards, phénomènes subjectifs de lumière et de couleurs. On constate quelquefois des céphalalgies, des vertiges, des fourmillements dans les membres ou des accès épileptiformes. Dans une même famille, l'atrophie optique héréditaire frappe surtout le sexe masculin.

(1) Les fibres du nerf optique conservent leur gaîne myélinique, dans l'état normal, jusqu'en arrière et même en dedans de la lame criblée. Il doit donc résulter un changement dans l'aspect de la papille si les fibres perdent cette gaîne.

M. Michel prétend que cette maladie a une certaine analogie avec l'ataxie héréditaire, et cette explication était la seule admise avant la publication de mon ouvrage. Quoi qu'il en soit, il est très important, pour bien apprécier celle que je viens de donner, de remarquer que, dans ces cas, l'évolution de l'atrophie du nerf optique, a lieu à l'âge où, d'après M. Tillaux, la croissance du sphénoïde est terminée.

Le développement irrégulier des os de la base du crâne peut, d'un autre côté, exercer une compression sur différentes parties du système nerveux, ce qui pourrait expliquer les autres symptômes qui accompagnent la maladie de Leber.

B.— Propagation d'une maladie de la muqueuse du nez vers la conjonctive et réciproquement.

Il est certain que l'on voit plus souvent des altérations de la muqueuse du nez se propager vers la conjonctive, que l'on ne trouve dans celle-ci le point de départ d'une affection de la muqueuse nasale. On observe fréquemment des conjonctivites infectieuses qui ne sont pas accompagnées de maladie du nez ; la blennorrhée de la conjonctive en est un exemple.

L'infection de la muqueuse nasale n'a lieu que dans des cas exceptionnels. L'inverse est tout aussi rare (Stoerk, Horner). Il est d'observation constante qu'il n'existe qu'exceptionnellement une affection du nez en même temps qu'un *catarrhe aigu* de la conjonctive.

Nous avons fait la rhinoscopie dans plusieurs cas de conjonctivite aiguë, et nous n'avons jamais trouvé d'inflammation concomitante de la muqueuse nasale. Au contraire, dans le *coryza* aigu, la conjonctive est toujours atteinte.

Il n'est pas possible d'expliquer ces faits en disant que dans les catarrhes infectieux, surtout dans la blennorrhée, le gonflement de la muqueuse des canaux lacrymaux empêche d'une façon mécanique l'écoulement des larmes dans le nez; ce gonflement, en effet, n'existe pas au début des conjonctivites infectieuses. Mais il est certain que *les microbes trouvent, dans la muqueuse nasale, un terrain moins favorable que dans la conjonctive.* Indépendamment de l'infection par les larmes, il y a aussi d'autres moyens de propagation — les doigts, les mouchoirs, etc. — qui peuvent porter les germes infectieux de la conjonctive dans les fosses nasales.

D'ailleurs, les diverses muqueuses ne sont pas toutes également prédisposées aux atteintes de la *blennorrhagie*. Celle du rectum l'est moins que celle de l'urèthre. En tenant compte de la fréquence relative de la pédérastie. (Voir les traités de névropathologie et de médecine légale), il y a lieu de signaler la rareté excessive de la blennorrhagie du rectum.

Le *trachome* peut, on le sait déjà depuis longtemps, exister dans la conjonctive sans se produire dans le nez. Généralement, cette affection ne provoque qu'un catarrhe nasal très léger (Scheff). Dans plusieurs cas de trachome que j'ai observés récemment et qui dataient de plusieurs mois, je n'ai absolument rien trouvé d'anormal dans les fosses nasales. M. Ziem commet certainement une erreur en admettant que le trachome conjonctival puisse être la conséquence du trachome nasal. Cependant, dans des cas graves qui ont une durée de plusieurs mois, on trouve aussi des altérations dans les fosses nasales. Moauro a constaté deux fois, anatomiquement, la présence du trachome dans les canaux lacrymaux; les granulations se trouvaient dans le tissu adénoïde de ces canaux.

Ce dernier auteur a rencontré dans le sac lacrymal une valvule, qui n'était qu'une production pathologique, par prolifération du tissu muqueux infecté.

Quant à la *diphthérie*, je n'ai pu constater, dans aucune des observations publiées que cette affection se soit propagée de la conjonctive vers le nez, ou vice versa.

Le croup ne se propage pas davantage vers la muqueuse du nez, ou réciproquement.

On sait que l'*érysipèle* envahit quelquefois les fosses nasales (Schiffers) (1), d'où il peut envahir les cavités voisines du nez (Weichselbaum, Virchow, Tillmanns). Mais il n'existe pas d'observation prouvant que le processus morbide se propage, par la voie du canal naso-lacrymal, des fosses nasales vers la conjonctive, ou de la conjonctive vers la muqueuse nasale.

Quant à la *tuberculose*, on n'a pas encore observé, lorsqu'elle s'est montrée sur la conjonctive, qu'elle ait envahi les fosses nasales, par les voies lacrymales, M. Knapp (2), a décrit un cas de lupus des fosses nasales qui avait entraîné la conjonctivite tuberculeuse. M. Wagenmann observa un cas de tuberculose des fosses nasales, qui s'était propagé vers le canal naso-lacrymal et avait produit les symptômes cliniques de la dacryocystite blennorrhagique (3).

Le *coryza syphilitique*, au contraire, ne se propage jamais vers la conjonctive.

Quant aux affections de la muqueuse nasale et de la conjonctive, qui sont inséparables de quelques maladies infectieuses, elles sont probablement dues à des processus qui se développent indépendamment l'un de l'autre; l'infection ne se propage pas d'une des deux muqueuses vers l'autre.

(1) Schiffers. 4e congrès international d'Otologie. Bruxelles, 1888.

(2) Knapp. New-York, Akademie of Medicin, 1890, 20 janvier.

(3) Voir également une observation publiée par Arnozan, *Arch. d'Ophtalm.*, 1891, n° 6.

De toutes ces considérations, il résulte que la *conjonctive est plus souvent menacée d'une infection venant des fosses nasales que la réciproque n'est vraie.* La propagation d'un processus infectieux par le canal naso-lacrymal a une grande importance au point de vue clinique. Cette voie de communication peut, en effet, être si sérieusement atteinte qu'elle présente des symptômes beaucoup plus graves que l'affection des muqueuses qu'elle réunit. Dans de tels cas un examen rhinoscopique est d'une très grande importance. L'examen endoscopique des canaux lacrymaux, pratiqué pour la première fois par M. Rothziegel (1) (de Vienne), n'a aucune valeur pratique; les canaux ne sont presque jamais le point de départ d'une maladie des voies lacrymales.

Au point de vue rhinoscopique, il faut surtout examiner le cornet inférieur. J'ai fait construire un petit instrument qui peut faciliter

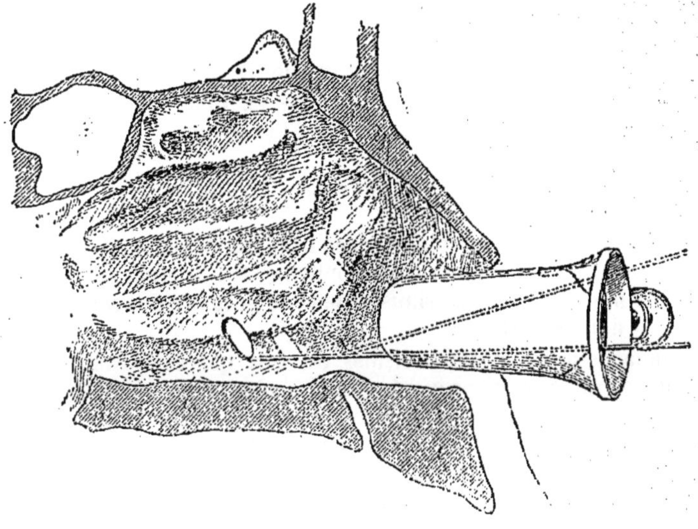

Fig. I.

cet examen. C'est un petit miroir métallique (2) (fig. 1) qu'on introduit dans les fosses nasales, après avoir écarté les narines à l'aide du spéculum de Duplay. Ce miroir, d'un diamètre de 4 mm., est fixé à une tige qui fait avec lui un angle de 45 degrés.

En enfonçant l'instrument à des profondeurs variables dans les fosses nasales et en lui donnant toutes sortes de directions, on peut

(1) [illegible]thziegel. Ue. Endoscopie der Thraenenrœhrchen, etc. *Wiener med. Blaetter*, 1885, n° 37.

(2) Ce miroir se vend chez *Luër-Wulfring*, à Paris.

observer certaines parties des cornets inférieurs, qui ne seraient pas accessibles à la vue par un examen rhinoscopique ordinaire. On comprend que, par cette méthode, on ne puisse jamais observer l'extrémité inférieure du canal naso-lacrymal ; mais, en plusieurs cas, on peut voir ainsi une partie de la muqueuse nasale, plus voisine du canal naso-lacrymal que celle que l'on aperçoit par la simple rhinoscopie antérieure.

Cependant, dans des cas d'absence du cornet inférieur par vice de conformation (Hyrtl) (1) ou par nécrose syphilitique des os du nez, on peut espérer voir, par la rhinoscopie, l'extrémité inférieure du canal naso-lacrymal, ce qui permettra peut-être de résoudre maintes questions intéressant la physiologie des voies lacrymales.

Examinons maintenant les troubles oculaires résultant d'affections diverses ayant leur point de départ dans le nez, mais se propageant par une autre voie que celle du canal naso-lacrymal.

C. — Troubles oculaires réflexes d'origine nasale.

D. — Troubles oculaires résultant de la propagation d'un processus des fosses nasales vers les sinus.

a) *Coryza aigu.*

Dans le coryza aigu, on observe des troubles oculaires réflexes, tels que du larmoiement, de la photophobie. Par la propagation du processus morbide vers les sinus, il peut se produire des céphalalgies, de la douleur orbitaire.

Les affections des cavités voisines du nez qui se développent après un simple coryza peuvent, dans quelques cas, entraîner des altérations graves, surtout dans l'organe de la vue, si la propagation du processus est facilité par l'existence de solutions de continuité dans les os. MM. Schœfer et Hartmann ont décrit des cas où, après un coryza, il s'était développé un abcès orbitaire. L'autopsie, dans un de ces cas, et l'examen clinique, dans l'autre, ont prouvé qu'une inflammation suppurative des cellules ethmoïdales avait été la voie de communication entre le coryza et l'abcès orbitaire.

Il faut se demander si, dans nombre de cas d'abcès orbitaires dont l'origine est douteuse, il ne s'agit pas d'un processus analogue. M. Ponfick (2) a constaté, dans un cas de méningite consécutive à une maladie des fosses nasales, l'existence de solutions de continuité dans les parois osseuses situées entre le sinus sphénoïdal et la cavité crânienne. Nous verrons que la production d'une névrite ré-

(1) Hyrtl. Angeborener Mangel der unteren Nasenmuscheln. *Sitzungberichte der Wiener. Acad. der Wissensch.*, 1859.

(2) Ponfick. *Centralbl. f die med. Wissensch.*, 1882, n° 3.

trobulbaire aiguë par refroidissement peut être expliquée d'une façon analogue.

M. Jacobson a observé un cas de coryza aigu suivi d'une ténonite aiguë. Les paupières étaient gonflées ; il y avait une injection pâteuse des vaisseaux sous-conjonctivaux, du chémosis, une sécrétion abondante de larmes ; les mouvements latéraux de l'œil étaient douloureux et un peu gênés ; une simple pression sur le globe oculaire provoquait de la douleur. La ténonite guérit en quelques semaines au moyen de cataplasmes tièdes aromatiques. Il est possible que la ténonite et le coryza aient eu la même cause : le refroidissement.

b) *Rhinite chronique hypertrophique.*

C'est dans cette affection, et surtout dans l'hypertrophie chronique des cornets inférieur et moyen, que l'on observe la gamme des troubles oculaires réflexes. On sait que M. Hack a constaté un certain nombre de troubles réflexes d'origine nasale : la céphalalgie, l'asthme, la migraine, la névralgie sus et sous-orbitaire. On observe aussi des troubles réflexes oculaires d'origine nasale dans d'autres affections ; ce sont :

1° *Des douleurs* dans les paupières et dans le globe de l'œil, la sensation d'un corps étranger dans le sac conjonctival ; quelquefois les malades se plaignent de démangeaisons et de sensation de brûlure dans les paupières sans qu'on n'y trouve rien d'anormal. Dans d'autres cas, la conjonctive est injectée, les paupières sont légèrement gonflées. D'après M. Bettmann, ce gonflement des paupières peut se présenter sous la forme d'un pseudo-érysipèle. Il explique ce phénomène par le fait du refoulement du sang veineux, dont la circulation serait entravée par le gonflement des corps caverneux des cornets. A mon avis, ce gonflement des paupières dérive en partie de la blépharite consécutive au larmoiement, et en partie du blépharospasme qui accompagne les troubles réflexes.

2° *De la photophobie.* — Ce symptôme, déjà mentionné par M. Hack se rencontre très fréquemment comme phénomène réflexe.

3° *Du larmoiement.* — Le larmoiement est si fréquent comme symptôme réflexe dans les affections du nez que M. Gruening a bien raison de dire qu'il faut chaque fois examiner les fosses nasales. L'hypertrophie du cornet inférieur produit aussi le larmoiement par cause mécanique.

Pour se rendre compte de la facilité avec laquelle peut se produire le larmoiement d'origine réflexe, il suffit d'arracher un poil des narines ; il en résulte une hypersécrétion lacrymale du même côté.

4° *Du rétrécissement de la fente palpébrale.* — Il est la conséquence du blépharospasme produit par irritation de la membrane muqueuse du nez. Le blépharospasme se manifeste du côté de la maladie des fosses nasales; il disparaît après la guérison de celle-ci. Pour montrer la relation qui existe entre le blépharospasme et la maladie du nez, je citerai un cas, que j'ai observé, dans lequel chaque aggravation de l'affection nasale entraînait de nouveau l'apparition du blépharospasme.

J'ai déjà fait remarquer, dans une publication antérieure, qu'en chatouillant avec un tuyau de plume certaines parties de la membrane muqueuse du nez, on produit l'occlusion spasmodique de la fente palpébrale du même côté. Si l'irritation était très grande, elle pourrait entraîner, du même côté, des contractions spasmodiques de tous les muscles de la face innervés par le nerf facial. Il s'agit, en effet, d'un réflexe physiologique des organes terminaux du trijumeau, par l'intermédiaire du nerf facial. Le centre nerveux du réflexe est le plancher du quatrième ventricule.

Il serait intéressant de rechercher quelles sont les altérations de la fosse losangique dans lesquelles ce réflexe manque et celles dans lesquelles il se produit.

Je considère comme très probable que les affections de la membrane pituitaire sont, dans certains cas, la cause du tic convulsif. Les expériences de M. Langendorff (1) ont prouvé que des contractions peuvent se produire dans les muscles de la face par suite d'excitation des organes terminaux du trijumeau qui se trouvent dans la peau du visage.

5° *De l'injection ciliaire* et *de l'injection de la conjonctive.* — L'injection ciliaire est un symptôme fréquent. Cette injection des vaisseaux par voie réflexe (vaso-dilatation) est probablement la cause qui rend quelques formes de conjonctivites et de kératites si difficiles à guérir ou même incurables lorsqu'elles existent en même temps qu'une affection du nez. Ce fait a conduit plusieurs auteurs à admettre un certain rapport entre ces affections oculaires et les maladies des fosses nasales. Ainsi, la conjonctivite et la kératite phlycténulaire, l'ophthalmie scrofuleuse surtout, ne guérissent quelquefois qu'après la disparition de l'affection nasale. Mais, pour prouver qu'il s'agit bien de troubles vasculaires réflexes produits par l'irritation du trijumeau, je mentionnerai quelques autres exemples.

Les maladies des dents, par exemple, peuvent empêcher la guérison des affections oculaires. De même, l'irritation des organes terminaux du trijumeau dans les cas d'eczéma de la peau peut mettre obstacle à la guérison de la kératite phlycténulaire; ainsi, on cite des cas de cette forme de kératite qui n'ont guéri qu'après la disparition d'un eczéma survenu chez des malades qui, atteints de

(1) Analysées dans le *Centralblatt für Augenheilkunde*, 1887, p. 79.

poux de tête s'étaient grattés avec les ongles. Cependant, dans quelques maladies générales, les affections oculaires se développent indépendamment de celles du nez, et c'est à tort, par exemple, que quelques auteurs cherchent à établir une relation entre les maladies oculaires et nasales, dans la scrofule.

Quant à l'injection de la conjonctive qui survient à la suite d'une irritation de la muqueuse nasale, c'est, je crois, la cause qui peut expliquer la récidive du *catarrhe printanier*, à chaque aggravation de l'affection du nez. M. Bettmann en relate un cas dans lequel la guérison du catarrhe ne se produisit qu'après celle de la maladie nasale.

On pourrait expliquer de même la névrose sympathique dont parle Ziem, qui ne disparut qu'après la guérison d'une affection nasale.

Indépendamment de l'hyperémie réflexe que produit dans la conjonctive l'irritation des organes terminaux du trijumeau dans le nez, on pourrait invoquer aussi l'épisclérite et mentionner également comme cause d'affection oculaire la gêne apportée à la circulation sanguine par la congestion qui se produit dans les fosses nasales, où une partie du sang veineux de l'orbite se déverse normalement (veines ethmoïdales).

6° *De l'asthénopie.* — On observe quelquefois de l'asthénopie accommodative plus ou moins marquée dans les affections des fosses nasales.

Les malades peuvent être très incommodés. Ils se plaignent de fatigue dès qu'ils lisent ; les lignes ne sont plus distinctes, les lettres s'entremêlent. Ces malades éprouvent un certain malaise, des douleurs ou des tiraillements dans les yeux, une sensation désagréable au front ou sur le dos du nez (Bronner). Il y a des cas où il se manifeste des symptômes analogues par suite d'insuffisance des muscles droits internes. Je me rappelle une communication personnelle de mon confrère Kessel, qui m'a dit avoir même observé des cas de diplopie passagère dans le cours des affections des fosses nasales.

7° *Du rétrécissement du champ visuel.* — En 1887, j'ai observé le premier un rétrécissement du champ visuel, consécutivement à une affection des fosses nasales. Peu de temps après ma communication, des observations analogues furent publiées par MM. Ziem, Killian, Hamilton et d'autres.

Madame A. V., bourgeoise, âgée de 28 ans, avait été traitée en novembre 1885, par un médecin d'un petit village de Styrie, pour une affection chronique des fosses nasales. Ce médecin tenta de provoquer l'oblitération du tissu caverneux des fosses nasales par l'application du galvano-cautère (méthode de Hack). La malade, sentant son état s'aggraver considérablement, s'adressa à M. le Dr Herzog, spécialiste de Gratz très distingué pour les maladies du nez. Celui-ci, apprenant que des troubles oculaires s'étaient développés pendant le traitement par le galvano-cautère, invita la malade à venir me consulter. Autant que me permettent de le supposer les notes remises à la malade par M. Herzog, il est probable qu'une application inhabile du galvano-cautère avait entraîné une nécrose de l'os nasal droit et de quelques parties du toit du nez ; de petits sequestres s'étaient détachés.

En même temps, la malade s'aperçut que sa vue était plus faible de l'œil droit que de l'œil gauche. Cet affaiblissement de la vision existait aussi bien lorsque la malade regardait au loin que lorsqu'elle regardait de très près. Elle éprouvait la sensation d'un brouillard devant l'œil droit.

En juillet 1887, l'acuité visuelle de l'œil droit s'était améliorée considérablement.

L'examen des parties externes du nez me montra un gonflement de la peau qui recouvre l'os nasal droit ; dans un point des téguments, je pus reconnaître une petite fistule. La fente palpébrale droite était un peu rétrécie ; je constatai aussi du larmoiement du côté droit et de la photophobie.

L'examen du fond de l'œil ne révéla pas la moindre altération ; l'acuité visuelle était normale des deux côtés. Le champ visuel de l'œil gauche était normal. Celui de l'œil droit était rétréci concentriquement de 10 à 15 degrés ; dans la région temporale, ce rétrécissement avait environ cinq degrés de plus.

8° *De l'amblyopie.* — L'amblyopie réflexe a été observée dans plusieurs cas d'affections des fosses nasales. Indépendamment de mon observation personnelle, il faut mentionner celle de M. Mooren (de Dusseldorf). Le cas dont il parle était compliqué d'injection péri-cornéenne, de démangeaison et de douleur dans les paupières, surtout pendant les matinées.

Dans aucun auteur sérieux je n'ai vu mentionner l'amaurose comme symptôme réflexe d'affections des fosses nasales.

9° *Le glaucome* a été observé à plusieurs reprises consécutivement à des affections des fosses nasales. Chez les gens prédisposés au glaucome, le développement de cette maladie peut être provoqué par l'irritation des fibres du trijumeau résultant d'une affection du nez. Des cas de ce genre sont cités par MM. Cheatam et Lennox-Brown. Ce dernier auteur constata, chez une femme que l'iridectomie ne réussit pas à guérir, un accès de glaucome ; des accès d'asthme apparurent bientôt. En examinant le nez, on découvrit des polypes dont l'extirpation fit disparaître les accès d'asthme et produisit une amélioration dans l'acuité visuelle.

Le développement du *goître exophthalmique*, à la suite d'une affection nasale a été observé, pour la première fois, par M. Hack. L'affection nasale consistait en une hyperplasie des cornets inférieur et moyen. Son traitement par le galvano-cautère entraîna la guérison complète du goître exophthalmique. Depuis cette observation de M. Hack, quelques cas analogues, par exemple celui de M. Stocker, ont été publiés.

Théorie des troubles oculaires réflexes d'origine nasale.

Nous savons que M. Hack et ses élèves admettent que l'engorgement du tissu caverneux des cornets produit une action vaso-dilatatrice réflexe. Pour expliquer, par exemple, la production du goître exophthalmique consécutivement à l'hypertrophie des cornets inférieur et moyen, M. Hack suppose que l'irritation des organes périphériques du sympathique, produit par le gonflement du tissu caverneux, détermine une vaso-dilatation. Pour lui l'engorgement du tissu caverneux des cornets est la condition sine qua non des symptômes réflexes dits secondaires. M. Moldenhauer (1) soutient les mêmes idées. Il pense que de nombreux cas de mouches volantes, d'amblyopie transitoire et d'amaurose sont dus à une imbibition séreuse de la gaîne du nerf optique, d'ordre réflexe et ayant comme point de départ la muqueuse nasale. Cet auteur explique la céphalalgie, concomitante des affections nasales, par une simple propagation aux sinus frontaux du gonflement inflammatoire qui intéresse parfois la gaîne du nerf sus orbitaire voisin du sinus (p. 196).

M. Ziem, qui a observé le développement de l'hypérémie de la papille optique et le pouls veineux d'intensité anormale dans la papille, après l'application du galvano-cautère au cornet inférieur, admet, d'une façon analogue, qu'il se produit une congestion des vaisseaux de l'œil, surtout de ceux du corps ciliaire ; cette congestion peut même être assez grave pour déterminer de l'hyperémie ou du glaucome. Cette manière de voir ne rencontre pas d'objections, au point de vue anatomique, car il éxiste des anastomoses multiples entre les vaisseaux des fosses nasales et ceux de l'orbite, surtout par les vaisseaux ethmoïdaux.

Mais c'est avec raison que MM. Schmaltz et Héryng ont prétendu que la turgescence du tissu caverneux n'est pas nécessaire pour qu'il se produise des troubles réflexes d'origine nasale. MM. B. Fraenkel et Gottstein ont même nié d'une façon absolue que cette turgescence jouât le moindre rôle dans la production des troubles réflexes.

Le tissu caverneux ne joue certainement pas ce rôle exclusif, puisque les affections des cavités voisines du nez, où il n'y a pas de tissu caverneux, produisent les mêmes troubles oculaires réflexes que les maladies des fosses nasales. Ces troubles réflexes sont moins connus, parce qu'il est plus difficile de faire le diagnostic des

(1) Moldenhauer, Maladies des fosses nasales (traduction par Potiquet, Paris, 1888).

affections des cavités voisines du nez, qui sont elles-mêmes moins connues et moins étudiées.

Ce ne sont pas seulement des céphalalgies et des névralgies, qui ont quelquefois permis de diagnostiquer une affection du sinus maxillaire ou frontal; on a observé aussi des troubles asthénopiques (Hamilton), du blépharospasme et même le rétrécissement du champ visuel. Ce dernier symptôme, d'ailleurs d'origine réflexe, n'a été rencontré jusqu'ici que dans les maladies des sinus maxillaire (Ziem) et frontal (E. Berger).

J'ai montré, en 1887, que le rétrécissement du champ visuel et l'amblyopie, que j'avais observés dans le cas cité ci-dessus, étaient la conséquence d'une irritation des organes terminaux du trijumeau. J'ai également, en 1890, attribué la même cause à tous les troubles oculaires d'origine réflexe.

Déjà, en effet, en 1870, M. Kratschmer (1) (de Vienne) — le premier qui ait produit expérimentalement sur les animaux des troubles de la respiration et de la circulation en irritant certaines parties des fosses nasales — avait prouvé que les fibres du trijumeau sont la voie par laquelle ces symptômes réflexes sont déterminés.

D'un autre côté, en 1888, M. François Franck (2) a établi que dans les phénomènes de vaso-dilatation consécutifs à certaines excitations nasales, les voies centripètes sont constituées par tous les rameaux sensitifs du trijumeau qui se distribuent aux fosses nasales.

Les fosses nasales, aussi bien que les cavités voisines du nez sont, effectivement, très riches en fibres nerveuses émanant du trijumeau; ce fait est facile à comprendre au point de vue physiologique, puisque le nez est le gardien des voies respiratoires. (Voir les travaux si importants de M. Bloch) (3).

Il n'est pas seulement l'organe du sens olfactif ; il est encore destiné à la sensation des irritations tactiles et chimiques, en vue desquelles il est doué d'une finesse extraordinaire.

Mais il n'est pas possible d'expliquer tous les troubles réflexes d'origine nasale par une dilatation réflexe des vaisseaux.

Dans le blépharospasme, par exemple, il s'agit probablement d'un réflexe du trijumeau, transmis du plancher du 4e ventricule au facial.

De même, le spasme de l'accommodation pourrait être communiqué par la même voie à l'oculo-moteur commun.

En comparant les troubles oculaires d'origine nasale à ceux qui se produisent dans la *névralgie du trijumeau,* nous constatons une *analogie absolue.* Dans la névralgie du trijumeau, nous trouvons

(1) Kratschmer, *Sitzungber. d. Academie d. Wissenschaft.* Wien, 1870, Math. nat. Cl. LXII,, 2, p. 147.

(2) François Franck, *Soc. de biolog* , 1887, 1er décembre.

(3) Bloch. *Untersuchungen zur Physiologie der Nasenathmung.*

l'injection de la conjonctive, l'injection ciliaire, des sensations douloureuses dans l'œil, la photophobie, le larmoiement, l'amblyopie, le rétrécissement du champ visuel (Leber), le blépharospasme, qui peut aller jusqu'au tic convulsif (Leber). Disons aussi que la névralgie du trijumeau, comme les affections nasales, peut être la cause du glaucome. De même, les troubles oculaires d'origine dentaire sont en partie des troubles réflexes produits par l'irritation des fibres du trijumeau, et c'est ce qui arrive pour les troubles de l'accommodation, l'asthénopie musculaire, l'amblyopie, l'amaurose, le glaucome (Cranicbanu). J'explique par l'irritation des organes terminaux du trijumeau quelques troubles oculaires qu'on a observés dans les affections du pharynx et des amygdales (Hoffmann, Ziem), tels que le larmoiement, le blépharospasme, la faiblesse du muscle de l'accommodation.

L'identité de ces troubles réflexes est évidente que la névralgie du trijumeau d'origine soit dentaire, nasale ou pharyngienne.

Je résume ainsi : *les troubles oculaires réflexes d'origine nasale sont la conséquence de l'état d'irritation des organes terminaux du trijumeau.*

Ils se distinguent de ceux qui proviennent de la névralgie du trijumeau en ce que ceux d'origine nasale sont plus fréquents et mieux étudiés.

c) *Polypes du nez.*

Les polypes du nez peuvent produire les mêmes troubles oculaires réflexes que le catarrhe hypertrophique du nez, par exemple le larmoiement, l'injection de la conjonctive, l'asthénopie, etc. Ces troubles proviennent soit d'une altération des fibres ou des organes terminaux du trijumeau par suite de la compression que les polypes exercent dans le nez, soit d'un processus infectieux de la muqueuse nasale produit par l'obstacle que ces polypes peuvent opposer à l'écoulement de la sécrétion du nez.

Remarquons seulement que M. Bettmann (de Chicago) a vu dans 6 cas, les troubles oculaires disparaître après l'extirpation des polypes du nez. Nous avons déjà cité une observation analogue de M. Lennox-Brown, concernant le glaucome. Il est vrai de dire aussi que la lésion des nerfs, dans l'arrachement des polypes du nez, peut provoquer également des troubles oculaires réflexes. M. Nuel (1), par exemple, observa une parésie de l'accommodation et un léger degré d'asthénopie névropathique chez un jeune homme auquel on avait extrait une douzaine de polypes du nez dans l'espace de quelques mois.

Les polypes peuvent, en outre, intéresser l'organe de la vue, en pénétrant dans les cavités voisines du nez (cellules ethmoïdales,

(1) de Wecker et Landolt, Traité d'Ophthalmologie, p. 708.

sinus sphénoïdal). J'en ai recueilli des observations dans ma monographie sur ces deux cavités pneumatiques.

Par la croissance ultérieure des polypes dans les cellules ethmoïdales, la distance entre les deux yeux devient plus grande, les parois internes des orbites se déplacent en dehors, et il se produit ainsi la malformation du visage connue sous le nom de face de grenouille (« Froschgesicht » des Allemands). J'ai vu, au musée Dupuytren, un moulage en plâtre d'un cas très net de ce genre. M. Nieden, dans sa communication sur les rapports entre les maladies des yeux et celles du nez, a publié également deux cas nouveaux de polypes du nez ayant pénétré dans les orbites par les cellules ethmoïdales ; il se produisit de la nevro-rétinite, par compression du nerf optique, et, plus tard, les malades devinrent aveugles. Dans un de ces cas, la cécité se compliqua de céphalalgie intense, de perte de connaissance, et le malade mourut dans le coma. Les yeux étaient projetés complètement hors de l'orbite en avant et en dehors. Quant à la cécité, je pense qu'elle provenait de ce que la compression s'exerçait sur le nerf optique en dedans du canal optique, la tumeur ayant pénétré dans le sinus sphénoïdal. Les symptômes cérébraux ultérieurs, dans le cas de M. Nieden, sont, à mon avis, la conséquence de la pénétration de la tumeur dans la cavité crânienne.

Citons encore un cas de M. Schmidt-Rimpler où l'amaurose se produisit après l'extirpation par le grattage d'un polype du nez. L'hémorrhagie, très insignifiante, ne suffit pas pour expliquer ce symptôme. D'ailleurs, l'apparition d'autres signes prouva que l'amaurose n'était pas la conséquence de la perte de sang. Après l'opération, la malade s'aperçut que sa vue était moins claire, et, le lendemain, elle était aveugle. Les bords de la papille étaient légèrement opaques et effacés, ses veines étaient gonflées. Les pupilles étaient dilatées, sans réaction à la lumière. Du côté droit (côté de l'opération), il y eut ensuite atrophie du nerf optique, et, du côté gauche, une névrite optique très manifeste avec exophthalmie. La cécité persista.

Pour expliquer ces graves symptômes oculaires, M. Schmidt-Rimpler suppose l'existence d'altérations ischémiques dans le centre cérébral de la vision. A notre avis, l'application de la curette avait blessé la paroi du canal optique ; peut-être cette blessure avait-elle été facilitée par l'usure de cette paroi, du côté du polype. Une fracture du canal optique peut produire par contre-coup des lésions du nerf optique, même lorsque le contre-coup provient de parties très éloignées. Ainsi, M. Vossius cite le cas d'un gymnaste qui devint aveugle après une chute sur les protubérances de l'ischion. avis, dans le cas de M. Schmidt-Rimpler, la blessure de la paroi du canal optique entraîna, à l'intérieur du trou optique, une péri-névrite optique, qui amena elle-même l'atrophie du nerf optique.

L'exophthalmie gauche est peut-être la conséquence d'un refoulement de la lymphe dans la gaine du nerf optique et dans son pourtour, par le fait du gonflement inflammatoire des tissus situés dans le canal optique.

d) *Impétigo et ulcères de l'intérieur du nez et des sinus.*

M. AUGAGNEUR considère la kérato-conjonctivite phlycténulaire des enfants comme produite par la contagion directe d'une rhinite impétigineuse. L'origine infectieuse de la kératite phlycténulaire n'étant pas encore établie, il faut expliquer ce fait de la façon que j'ai indiquée ci-dessus. D'ailleurs, on ne peut pas mettre en doute que des germes infectieux du nez, en pénétrant dans le sac conjonctival, puissent empêcher la guérison de la kérato-conjonctivite phlycténulaire, et même que la pénétration de ces germes dans une phlyctène puisse provoquer le développement d'un ulcère de la cornée.

Mais ce n'est pas toujours par la voie des muqueuses que l'infection gagne l'organe de la vue. M. BUROW a observé des troubles oculaires à la suite de l'application d'instruments qui n'avaient pas été suffisamment nettoyés, dans des dispensaires d'auristes et de rhinologistes. Aujourd'hui, on explique généralement ces troubles par l'action toxique des ptomaïnes sur les nerfs périphériques. Dans les cas de M. BUROW, les troubles consistèrent en ptosis et en parésie d'autres muscles de l'œil. M. BUROW a vu aussi cette infection par des instruments être la cause d'iritis. Mais cette maladie peut aussi survenir à la suite de l'infection produite par des ulcères siégeant dans le nez. M. DE LAPERSONNE a même observé une phlébite suppurative des veines ophthalmiques et des sinus caverneux, provenant de foyers de suppuration qui existaient dans le nez et dans les cavités voisines.

e) *Ozène.*

On sait que le retentissement de l'ozène sur l'organe de la vue a été étudié par MM. ABADIE, TROUSSEAU, VAN MILLINGEN. M. RAMPOLDI prétend que l'ozène a des rapports avec les affections suivantes : maladies des voies lacrymales, hyperémie chronique de la conjonctive, blépharite, kératite parenchymateuse (?), ulcère de la cornée, glaucome aigu, parésie de l'accommodation, hypertonie, amblyopie. M. MILLINGEN cite aussi une conjonctivite particulière très tenace, caractérisée par une certaine tendance des phlyctènes à la suppuration. J'ai examiné un certain nombre de malades atteints d'ozène et je n'ai pas toujours trouvé d'affections oculaires. Je ne crois pas être indiscret en rapportant que notre collègue, M. CHIBRET, m'a dit avoir fait la même constatation. Il y a quelquefois de la conjonctivite et une affection des voies lacrymales ; dans d'autres cas, les affections oculaires font défaut. Ce fait est d'accord avec l'explication que M. ZAUFAL a donnée de l'ozène, qui est une affection de l'arrière-cavité du nez. Je ne crois pas que le diplococcus volumineux découvert par M. Loewenberg ait été encore trouvé dans le sac conjonctival. Il serait à désirer que l'on fît des recherches à ce point de vue.

En plusieurs cas, j'ai remarqué que l'ozène n'avait eu aucune influence fâcheuse sur la guérison d'affections oculaires. Ainsi, chez une malade atteinte de conjonctivite granuleuse, qui lui vint de sa sœur, j'ai réussi à faire disparaître complètement les granulations, bien que l'ozène persiste encore, la malade négligeant de se présenter aux consultations rhinologiques d'un confrère à qui je l'ai recommandée.

On peut, je crois, diviser en deux groupes les affections oculaires décrites dans l'ozène : 1° troubles réflexes : hyperémie de la conjonctive, larmoiement, parésie de l'accommodation, hypertonie et accès de glaucome chez les personnes prédisposées à cette affection, amblyopie ; 2° maladies infectieuses : ulcères de la cornée, infection de la plaie dans l'extraction de la cataracte (Van Millingen), dacryocystite. Aussi, M. Eversbusch, dans l'opération de la cataracte, fait-il la ligature préalable des canaux lacrymaux par des fils de catgut, quand il existe en même temps des affections des voies lacrymales ou même un processus infectieux des fosses nasales.

E. — Troubles oculaires dans les affections des cavités voisines du nez.

a) *Affections du sinus frontal.*

A mon sens, les affections du sinus frontal sont fréquemment accompagnées des mêmes *troubles oculaires réflexes* que les maladies des fosses nasales ; mais on n'a pas remarqué ces troubles, parce qu'il est rare de faire le diagnostic des affections de ce sinus. Ces symptômes réflexes qui surviennent dans les maladies du sinus frontal sont surtout les névralgies du nerf sus-orbitaire quelle que soit l'affection du sinus qui en est la cause.

J'en ai observé un cas très net que je crois bon de rapporter.

Chez un tailleur de 43 ans, atteint de trachome des deux yeux, il se produisit tout à coup un coryza aigu. Quelques jours après, survinrent des accès de fièvre, en même temps qu'une névralgie du sus-orbitaire et du nasal interne du côté droit. La douleur était soulagée par des applications de glace sur le front et par du salicylate de soude (2 grammes à l'intérieur). Je constatai bientôt de la photophobie, du blépharospasme, de l'injection péri-cornéenne et du larmoiement du côté droit. Au bout de huit jours environ, des sécrétions purulentes s'étant produites du côté droit du nez, tous ces symptômes disparurent

Si la sécrétion purulente ne s'écoule pas par le nez, il peut en résulter des *affections des parois osseuses du sinus frontal*. C'est généralement cette cause qui entraîne la périostite ou l'ostéite des parois du sinus; ces altérations des parois sont très rarement primitives.

S'il s'agit d'une périostite de la région sourcilière, on peut admettre avec vraisemblance une affection du sinus (PANAS); l'ostéo-périostite frappe surtout le rebord inféro-interne de l'orbite. La communication de M. PANAS prouve combien il est facile de méconnaître les affections du sinus frontal. Il cite quatre cas d'affection de ce sinus parmi lesquels deux avaient été pris pour de l'ostéo-périostite du rebord supérieur de l'orbite, un autre pour une tumeur gommeuse, et le 4e pour une ténonite.

La sécrétion peut s'écouler au dehors :

a) par une fistule siégeant dans la région sourcilière ;

b) par une fistule, occupant le ligament interne (PANAS) ;

Elle peut aussi pénétrer dans l'orbite.

M. PELTESOHN a vu dans trois cas l'inflammation débuter par le sinus frontal et se propager dans l'orbite. On observe alors les symptômes de l'abcès orbitaire, mais l'exophthalmie est tellement prononcée que l'œil est refoulé en dehors et en bas (LYDER, BERTHEN, MAGNUS). Dans un cas de MM. TREACHER COLLINS et C. H. WALTER, à la suite d'une blessure, il se produisit une affection du sinus frontal avec suppuration de la paupière supérieure ; l'abcès orbitaire se propagea vers les méninges et entraîna la mort. Si l'abcès orbitaire est ouvert et si le pus s'écoule, l'œil peut reprendre sa place normale (MAGNUS, LYDER-BORTHEN.).

d) L'empyème du sinus frontal peut s'ouvrir dans les cellules ethmoïdales.

f) M. RICHET admet aussi que l'empyème, en perforant la paroi postérieure ou les autres parois du sinus, peut pénétrer dans la cavité crânienne. Des auteurs récents (PANAS, LYDER BORTHEN) ne regardent pas cet accident comme vraisemblable. Mais il faut considérer que la paroi postérieure du sinus est quelquefois très mince, plus mince que la paroi antérieure (HYRTL).

Généralement, en effet, c'est la paroi inférieure qui est la plus mince, et elle offre des solutions de continuité congénitales ou consécutives à l'ostéoporose sénile, ce qui facilite la propagation de la suppuration vers l'orbite. Peut-être pourrait-on expliquer ainsi le développement de l'abcès orbitaire que plusieurs auteurs ont observé à la suite d'un refroidissement (1). Un coryza aigu peut se propager vers les sinus, et l'inflammation de la muqueuse de ces sinus se communiquer aux tissus rétro-bulbaires. Dans des cas de solutions de continuité des parois de l'orbite, même sans qu'il s'agisse

(1) Traité de STELLWAG, p. 590.

d'une blessure préalable, on a vu survenir, après un éternuement très violent, un emphysème orbitaire (*Zuckerkandl*). Cet emphysème se développe surtout par la voie de la lame papyracée de l'ethmoïde, où les solutions de continuité sont plus fréquentes à l'état normal et peuvent aussi exister par suite d'une ostéo-porose de la paroi du sinus. Ainsi, dans les inflammations de la muqueuse du sinus frontal avec rétention de la sécrétion, il peut se développer de la périostite et de l'ostéite raréfiante. C'est ainsi qu'il faut expliquer un cas de M. Niéden, où un emphysème orbitaire de la grosseur d'une noix s'était développé à la suite d'un coryza aigu. La tumeur, située sur le bord supéro-interne de l'orbite, pénétra dans la cavité orbitaire et déplaça l'œil en avant, en dehors et en bas. Par le fait de la compression exercée par la tumeur, l'œil reprit sa place normale. Dans un cas de M. Hulke, le sinus frontal fut mis en communication, par ostéoporose de la paroi interne, avec les cellules ethmoïdales ; dans un autre cas observé par M. Langenbeck père, tous les sinus d'un côté ne formaient plus qu'une large cavité communiquant avec l'orbite.

Le danger qu'il y a de voir l'inflammation du sinus se propager vers l'orbite fait un devoir au chirurgien d'ouvrir le sinus de bonne heure. M. Panas recommande de pénétrer dans le sinus par la paroi orbitaire et de faire des injections avec une solution de bichlorure de mercure de un à vingt millièmes.

J'ai eu l'occasion d'observer un cas d'empyème du sinus frontal, qui me semble très intéressant à différents points de vue.

M. E. G., employé de commerce, âgé de 21 ans, d'une taille moyenne, n'avait jamais eu aucune maladie à part quelques furoncles. Cependant, il était atteint depuis trois ans d'un coryza chronique auquel il ne prêtait nulle attention. Au mois de septembre 1891, le malade subissait un traumatisme de la région frontale gauche ; trois semaines plus tard il était atteint de névralgies dans la région sus-orbitaire gauche ; la douleur s'aggravait généralement vers le soir et se montrait sous forme d'accès. A l'examen du malade (le 7 novembre 1891), je constatai un gonflement inflammatoire très accentué de la paupière supérieure gauche ; une partie de la peau située au-dessous des sourcils, vers le côté nasal, était également inflammée et indurée. La fente palpébrale gauche était resserrée ; l'œil gauche était dévié en dehors et un peu en bas et en avant ; la mobilité de l'œil était diminuée dans la direction des muscles droits interne et supérieur ; les mouvements de l'œil en dedans et en haut étaient douloureux ; il existait de la diplopie croisée ; l'image de l'œil gauche était située un peu plus haut que celle de l'œil droit ; le nerf sus-orbitaire était sensible à la pression. La pression de l'œil en arrière ne produisait aucune douleur. En appuyant sur la partie supéro-interne du pourtour de l'œil gauche, il s'échappait goutte à goutte, par la narine gauche, un pus épais et fétide.

L'examen fonctionnel de l'œil gauche montra une acuité visuelle normale ; la perception des couleurs était aussi normale, mais le champ visuel était rétréci de 5 à 10 degrés dans sa partie périphérique. L'amplitude de l'accommodation de l'œil gauche était de 1 D plus petite que celle de l'œil droit. Il existait un catarrhe chronique hypertrophique des fosses nasales.

Je posai le diagnostic d'une affection inflammatoire du sinus frontal gauche et conseillai le traitement suivant : chaleur de durée prolongée sur la région du sinus frontal gauche, produite par le passage continuel d'eau chaude à travers les tuyaux de Leiter appliqués sur cette région ; badigeonnage de teinture d'iode sur la paroi frontale du sinus ; provocation artificielle de sueurs d'après la méthode des Schweigger, (salicylate de soude à la dose de 2 grammes, à prendre tous les soirs en potion ; le malade couché, se couvre très chaudement et prend de l'infusion de tilleul). Cette méthode réussit assez bien et provoqua des sueurs pendant 2 heures environ.

En outre, j'encourageai le malade à continuer le lavage des fosses nasales par des antiseptiques et des astringents, traitement conseillé déjà par des confrères consultés avant moi.

Le 9 novembre, le malade se présentait de nouveau. Il se plaignait de douleurs dans la région pariétale gauche. La paupière supérieure gauche était fortement gonflée, ainsi que la glande préauriculaire correspondante. Un examen plus attentif de la partie gonflée située entre le sourcil gauche et le rebord externe du tarse me fit constater de la fluctuation. Je fis une incision à l'aide d'un bistouri, et du pus fétide et épais s'écoula en abondance. En pratiquant un examen avec une sonde, je constatai un petit trou dans la paroi supérieure de l'orbite. Par ce trou, j'introduisis dans le sinus une sonde uréthrale (Charrière n°3) et je fis des injections de sublimé (1 : 2500), suivies d'injections de nitrate d'argent à 1 : 500, dose portée plus tard jusqu'à 1 : 100.

Mais le trou de l'os étant très petit, je fus aussitôt convaincu que cette voie était insuffisante pour un nettoyage complet du sinus, et je fis comprendre au malade la nécessité d'une opération ayant pour but de faciliter l'écoulement du pus.

Le 11 novembre, la paupière supérieure gauche était moins gonflée et l'écoulement du pus toujours très abondant ; un petit linge imbibé de sublimé que le malade appliquait sur la plaie était constamment mouillé de pus. Rien qu'en baissant la tête, le pus s'échappait goutte à goutte. Quelquefois l'écoulement s'arrêtait ; il suffisait de mouiller légèrement les croûtes qui fermaient l'entrée de la fistule et de relever le sourcil avec le doigt pour qu'il recommençât aussitôt. Cette manœuvre, essayée par le malade lui-même, transforma la direction de la fistule qui dirigée d'abord de bas en haut et de dedans en dehors, devint horizontale.

Je recommandai au malade de vider régulièrement deux fois chaque jour le sinus, en éternuant, et je fis tous les deux jours des injections de sublimé et de nitrate d'argent. Ce traitement ne donna d'autre résultat que de calmer les douleurs des régions sus-orbitaire et pariétale. Les douleurs sus-orbitaires se montrant de temps en temps du côté droit, me firent supposer que le sinus frontal était également atteint de ce côté. L'expérience clinique ultérieure démontra, en effet, que cette supposition était juste.

Ayant décidé le malade, je fis l'opération le 29 novembre. Notre honorable collègue, Monsieur le docteur Launay a bien voulu me prêter son concours.

Après avoir endormi le malade au moyen du chloroforme, j'introduisis une sonde à travers la fistule dans le sinus frontal, me proposant d'élargir ensuite le trou osseux vers le côté temporal, après avoir fait une incision au milieu du rebord inférieur du sourcil. Cette précaution me semblait nécessaire parce que la fistule et surtout le trou osseux étaient si près du nerf sus-orbitaire que l'introduction de la sonde provoquait quelquefois des douleurs très vives dans toute la région de la peau animée par ce nerf. Après avoir fait l'incision sur une étendue de 4 centimètres j'ai raclé le périoste avec une curette, comme le recommande M. Panas, jusqu'à ce que je fusse arrivé au côté temporal de la sonde introduite dans le sinus; j'élargis ensuite le trou osseux de ce côté. L'opération fut très facile, à cause de la minceur de la paroi inférieure du sinus.

L'ouverture faite était si large que j'ai pu facilement introduire un endoscope de Grünfeld (de Vienne), de fort diamètre. Après avoir très soigneusement lavé le sinus avec une solution de sublimée à 1:2500, j'examinai, à l'aide de l'endoscope, l'état de la muqueuse. Celle-ci était fortement injectée et d'une coloration rouge-foncée.

J'introduisis ensuite par l'incision de la gaze iodoformée avec laquelle je tamponnai le sinus, et fixai sur la peau les deux bouts de cette gaze. L'hémorrhagie produite par l'opération (commencée à 10 heures du matin) fut très faible. A 10 heures 1/2, le pansement antiseptique était fait et le malade se trouvait dans un état assez satisfaisant.

Je le revis vers 5 heures du soir; il se plaignait de vives douleurs dans le trajet du sus-orbitaire. La paupière supérieure était fortement gonflée et d'un rouge écarlate. Le malade ne pouvait ouvrir l'œil gauche, et il ressentait même de violentes douleurs dans cet œil quand il essayait d'ouvrir le droit. Je l'engageai à le laisser fermé. Pas de fièvre. A l'aspect de l'œil, j'admis que le gonflement des tissus avait provoqué un déplacement des bandes de gaze iodoformée vers le nerf sus-orbitaire et amené la compression dudit nerf.

J'enlevai la gaze iodoformée, ce qui fit beaucoup souffrir le malade, mais après l'enlèvement les douleurs sus-orbitaires s'apaisèrent.

Le lendemain, la rougeur et le gonflement de la paupière avaient augmenté d'intensité et l'inflammation avait gagné la paupière inférieure. Il m'était très difficile d'ouvrir la fente palpébrale; j'aperçus du chémosis de la conjonctive. Des douleurs sourdes se faisaient sentir dans la profondeur de l'œil, qui faisait en avant un peu plus de saillie qu'avant l'opération. J'éprouvai alors une certaine inquiétude, craignant d'assiter au début d'un abcès orbitaire causé par une infection du tissu rétro-bulbaire, et ayant son point de départ dans le sinus frontal. Le gonflement des tissus était, en effet, tel, qu'il m'était impossible d'introduire une sonde dans la nouvelle voie créée par l'opération. Je ne pouvais donc pas exécuter le lavage du sinus à l'aide de drains, ainsi que je me l'étais proposé. De même, le gonflement de la paupière supérieure avait obstrué la voie artificielle et la fistule, de sorte que l'écoulement ne se faisait plus en dehors par ces deux voies. La sécrétion purulente du sinus, mêlée à des caillots de sang, se vida par les fosses nasales, ce qui donna au malade et à son entourage l'espoir illusoire d'une guérison immédiate de l'affection. Je me bornai à un traitement antiseptique de la plaie par l'iodoforme et à des applications de glace sur l'œil gauche.

Mais ces applications furent bientôt refusées par le malade, car le poids de la glace le fatiguait sans produire aucun soulagement. J'avais supposé que les douleurs sus-orbitaires avaient été produites par la compression qu'exerçaient sur le nerf les bouts de la gaze iodoformée. Cette supposition se trouva confirmée, car, le lendemain de l'opération, le malade m'indiquait que la peau du côté gauche du front était insensible ; or, la partie anesthésiée correspondait exactement au territoire du nerf sus-orbitaire. Cette partie de la peau était en outre le siège d'un léger gonflement œdémateux.

Deux jours après, la sensibilité revint dans cette partie et le gonflement disparut pendant qu'il s'opérait une desquamation appréciable de la peau.

La rougeur inflammatoire des paupières, le chémosis, ainsi que tous les autres symptômes inquiétants disparurent peu à peu, et le 4 décembre le malade pouvait ouvrir la fente palpébrale. Mais sa joie fut de courte durée ; en effet, l'écoulement purulent recommença bientôt à travers l'ancienne fistule, tandis que la nouvelle voie créée par l'opération s'était déjà refermée par première intention.

L'examen de la fistule me fit reconnaître que l'introduction d'une sonde de fort calibre était facile. J'ai introduit les sondes boutonnées de Guyon n°s 8 et 10, et non seulement le trou livrait un passage suffisant à la sonde, mais encore, pendant les injections faites à l'aide de cette sonde, il restait un espace qui permettait au liquide de s'écouler à l'extérieur. L'opération avait donc donné comme résultat la possibilité d'un lavage plus complet du sinus.

L'état de l'œil était le même qu'avant l'opération ; l'acuité visuelle était un peu diminuée $\frac{20}{30}$ et le champ visuel rétréci, mais il n'existait pas d'altérations du fond de l'œil. Le malade se plaignait avoir de temps en temps des douleurs se propageant de l'œil vers les profondeurs de l'orbite et de là jusqu'à l'occiput. Ces douleurs se produisaient surtout quand il baissait la tête.

Le malade vidait tous les jours le sinus par éternuements. Je fis une fois par jour des injections antiseptiques (sublimé et permanganate de potasse). Après lavage très exact par ces antiseptiques, j'injectais des astringents (nitrate d'argent 1:100 et 1:50 et sulfate de cuivre dans les mêmes proportions).

L'examen bactériologique du pus contenu dans le sinus frontal, exécuté par notre distingué confrère, le docteur Christmas, à l'Institut Pasteur, décela la présence de streptocoques, mais pas de bacilles de la tuberculose. Je pouvais donc espérer guérir ce cas par l'emploi des antiseptiques. Quant au traitement, rien ne fut changé pendant les semaines suivantes, sauf que je défendis au malade de vider le sinus par éternuements. Probablement à la suite d'un éternuement trop violent, il s'était produit, le 13 décembre, un emphysème sous-cutané léger et peu étendu (2 à 3 centimètres) de la partie entourant la fistule. Au bout de deux jours, par l'application d'un bandeau compressif et le massage, ce symptôme, d'ailleurs insignifiant, disparut.

Pendant le lavage du sinus, fait avec une seringue à travers la sonde de Guyon, le liquide injecté sortait, mêlé de pus, soit par les fosses nasales droites, soit par les fosses nasales gauches, soit par les deux narines simultanément. Une forte pression de l'injection facilitait la production de l'écoulement par les narines. J'ai essayé de vider le sinus par aspiration ; mais dans ce cas le malade ressentait une impression plus désagréable que lorsque je lui faisais une injection, même à forte pression.

Le 21 décembre, au matin, le malade constatait qu'aucun écoulement ne s'était produit à travers la fistule. Le ptosis gauche était moins prononcé et l'œil moins déplacé. L'acuité visuelle de l'œil gauche était normale, mais le champ visuel toujours un peu rétréci. La mobilité de l'œil était notablement améliorée.

L'écoulement reparut à la suite d'un rhume contracté vers le 25 décembre ; j'essayai alors des injections de la créoline (1 : 300), qui réussirent parfaitement. Depuis le 31 décembre, pas d'écoulement. Le malade est encore actuellement en traitement. Le déplacement de l'œil gauche est presque nul, le champ visuel est redevenu normal.

Le 12 janvier, la fistule était fermée, et, il n'y avait pas de diplopie.

A différents points de vue le cas décrit ci-dessus me semble intéressant. D'abord, c'est la *première fois que l'on constate un rétrécissement du champ visuel dans une affection du sinus frontal.* D'autre part, le contenu du sinus s'écoulait sous l'action de la pesanteur, quand le malade penchait la tête en avant.

D'après cette observation, comment devra-t-on ouvrir le sinus frontal ? La trépanation du sinus par la paroi orbitaire a des avantages et des inconvénients. En effet, il est très facile de percer la paroi orbitaire, qui est formée par une lame osseuse très mince. Mais on pourrait objecter que, créant de nouvelles voies d'infection, le développement du phlegmon du tissu rétrobulaire et palpébral, pourrait être favorisé. Dans notre cas, et malgré un traitement antiseptique très scrupuleux, une infection s'était développée par la nouvelle ouverture. On pourrait me reprocher de n'avoir pas choisi pour trépaner de la paroi orbitaire du sinus, une partie située davantage vers le côté temporal et de n'avoir pas évité, de cette façon, le voisinage fâcheux du nerf sus-orbitaire. Mais, ayant déjà dans le trou préexistant un point de repère d'une haute valeur, je n'avais garde de m'en éloigner.

En outre, il faut considérer que la grandeur du sinus varie beaucoup selon les individus et j'aurais peut-être risqué de ne pas pénétrer dans son intérieur.

J'ai pris toutes les précautions pour protéger le nerf sus-orbitaire. Pour l'opération j'ai fait une nouvelle ouverture, à travers la peau, vers le côté temporal, au lieu d'élargir la fistule, et, grâce à cette précaution, après l'opération, les bouts de la gaze iodoformée dont je me suis servi pour tamponner le sinus n'ont fait aucun mal au malade. Les douleurs n'ont apparu qu'avec le gonflement infectieux du tissu entourant la plaie, et ont été probablement causées par le déplacement des bouts de la gaze vers le côté nasal. Ceux-ci, devenus voisins du nerf sus-orbitaire, l'ont comprimé et ont amené des névralgies sus-orbitaires très fortes, suivies d'anesthésie et de troubles vasomoteurs (œdème passager) des parties de la peau animées par ce nerf.

Notons encore l'emphysème du pourtour de la fistule produit par un éternuement trop violent. Ce symptôme, sans importance, ne devait pas nous empêcher de conseiller au malade de vider par éternuements le contenu du sinus frontal ; tout en lui recommandant une certaine prudence.

Qu'il me soit permis de comparer ce moyen si simple de vider le sinus à la méthode de Valsalva (par la trompe d'Eustache) qui, lorsqu'il y a abus, peut également devenir nuisible au malade. C'est après de nouvelles recherches qu'on pourra préciser dans quel cas il convient d'ouvrir le sinus par la paroi antérieure (frontale) ou par la paroi inférieure (orbitaire), ou bien encore par les fosses nasales. Dans tous les cas, mon observation me semblait digne d'être communiquée à mes confrères.

On connaît bien les symptômes des *tumeurs* du sinus frontal, par exemple le déplacement de l'œil en dehors, en bas et en avant. Il existe d'autres signes concomitants (paralysies des muscles oculaires), qui sont probablement la conséquence de la paralysie des nerfs par compression. Nous citerons, par exemple, un cas de M. Elschnig, où une hydropisie du sinus avait déterminé du ptosis et l'impossibilité des mouvements de l'œil (pour MM. Scheff et Zuckerkandl, il s'agissait d'un kyste par rétention d'une glande muqueuse). M. Woelfer pratiqua la résection de la paroi du kyste ; l'œil reprit sa mobilité normale, mais le ptosis persista.

Les polypes du sinus frontal ont une certaine importance en clinique, parce qu'en se développant, et par le fait d'ostéoporose, ils peuvent perforer la paroi orbitaire du sinus. M. G. N. Walker a observé un cas, d'abcès orbitaire, qui récidiva plusieurs fois et guérit après l'extirpation de polypes du sinus frontal.

Pour les particularités relatives aux tumeurs du sinus frontal, nous renvoyons aux traités de chirurgie.

b) *Affections du sinus maxillaire.*

Les *troubles oculaires* qui se développent dans le cours des maladies du sinus maxillaire sont d'origine *réflexe* ou causés par un processus pathologique (*infection*, *tumeurs*). Les altérations de la muqueuse du sinus sont le plus souvent la conséquence d'affections dentaires. Aussi, dans les maladies du sinus maxillaire, les troubles réflexes sont-ils moins connus, parce qu'ils sont généralement attribués aux affections dentaires.

A propos des *troubles oculaires réflexes*, nous avons déjà dit que c'est M. Ziem qui a découvert le rétrécissement du champ visuel, dans une affection du sinus maxillaire ; mais il en donne une fausse interprétation. A notre avis, ce symptôme est d'origine réflexe. M. Ziem admet que le pus, en se collectant dans le sinus maxillaire, peut entraîner l'ectasie de ce sinus. Il considère le rétrécissement du champ visuel comme très vraisemblablement causé par la compression exercée sur le nerf optique par la paroi supérieure du sinus, devenue ainsi proéminente. « Dass durch eine Eiteransammlung in der letzteren und eine Ectasie des Sinus ein Druck auf den an der oberen Wand desselben verlaufenden N. opticus zu Stande kommen, ist allerdings warscheinlich ».

Mais cette explication est en désaccord avec les données anatomiques. Une ectasie de la paroi supérieure du sinus, qui comprimerait le nerf optique, devrait d'abord provoquer de l'exophthalmie et des troubles dans la mobilité de l'œil. Or, ces symptômes n'existaient pas dans le cas de M. Ziem. C'est pour cette raison que je ne puis partager son avis et que je ne pense pas qu'un processus de cette nature puisse produire l'atrophie du nerf optique.

Mentionnons encore comme troubles oculaires réflexes, dans les maladies du sinus maxillaire, la parésie de l'accommodation, l'amblyopie, l'amaurose(?), l'hyperémie veineuse de la papille, la mydriase. Ce dernier signe réflexe, produit par irritation du trijumeau, s'observe même dans le sondage du canal naso-lacrymal (Rampoldi). Dans un cas de M. Ziem, tous ces symptômes disparurent après la trépanation du sinus maxillaire.

Parmi les *affections secondaires infectieuses* que l'on a observées à la suite de maladies du sinus, nous citerons l'abcès orbitaire, dont nous expliquons le développement de la même façon que pour le sinus frontal. M. Ziem, qui en a observé un cas accompagné de symptômes de dacryocystite, admet que le pus est transporté, par les vaisseaux, du sinus vers l'orbite. Je ne crois pas que, jusqu'à ce jour, l'examen anatomo-pathologique ait encore fait découvrir ce chemin fourni par les vaisseaux. Dans le cas où il n'y aurait pas de solution de continuité entre le sinus maxillaire, d'une part, le canal naso-lacrymal et l'orbite, d'autre part, on pourrait faire jouer à une ostéo-périostite de cette paroi le rôle d'intermédiaire entre les affections des organes en question. La paroi qui sépare le canal naso-lacrymal du sinus maxillaire est toujours extrêmement mince. On peut également par l'intermédiaire du sinus maxillaire, les cas d'abcès de la paupière inférieure causés par l'ostéo-périostite d'une racine dentaire (Caspar).

Pour l'exophthalmie due à des tumeurs du sinus maxillaire, nous renvoyons aux traités de chirurgie.

c) — *Maladies des cellules ethmoïdales.*

Comme *troubles oculaires d'origine réflexe*, on n'a constaté que du larmoiement, qui accompagne des accès de céphalalgie. Les affections des cellules ethmoïdales sont généralement la conséquence d'une maladie du nez ou des autres sinus ; mais il se peut aussi qu'une affection orbitaire se propage aux cellules. L'extension vers l'orbite d'une *inflammation* des cellules ethmoïdales a été observée à plusieurs reprises, à la suite d'un simple rhume (HARTMANN, SCHAEFER), ou d'ulcères des fosses nasales, ou même d'une affection de la cavité naso-pharyngienne. Dans le cas, déjà mentionné, de M. SCHAEFER, le malade mourut, l'inflammation de l'orbite s'étant propagée aux méninges en suivant les gaines du nerf optique.

La *carie des cellules ethmoïdales* peut être ou ne pas être accompagnée d'affections oculaires. Elle peut déterminer, par exemple, les symptômes suivants :

1° abcès orbitaire, avec sécrétion nasale purulente du même côté ;

2° emphysème orbitaire, lorsque la carie établit une communication entre les cellules ethmoïdales et l'orbite ;

3° détachement lent de quelques parties de l'ethmoïde (dans la syphilis), et propagation, à travers la lame criblée, d'une infection déterminant une méningite ;

4° détachement subit d'un grand morceau de l'ethmoïde nécrosé et chute de ce morceau dans le larynx ; d'où accès de suffocation, ou mort par méningite (BARATOUX).

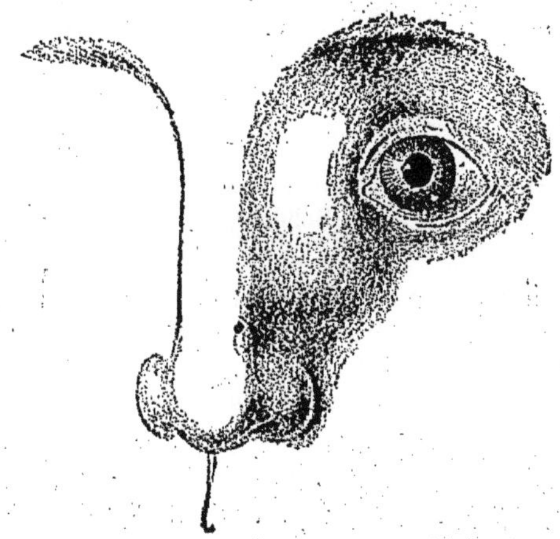

Fig. 2. — Ectasie du sinus frontal et des cellules ethmoïdales, d'après C. J. M. Langenbeck. (1819.)

L'affection connue sous le nom « d'*hydropisie des cellules ethmoïdales* » peut entraîner la disparition des parois situées entre les diverses cellules ; plus tard elle peut les faire communiquer avec d'autres cavités, lorsque les parois osseuses qui les séparent viennent à être détruites ; enfin, ces cavités elles-mêmes peuvent communiquer avec l'orbite (cas de LANGENBECK). Les symptômes sont surtout l'exophthalmie et les signes ordinaires d'une tumeur de l'orbite.

Quant aux *tumeurs* des cellules ethmoïdales (ostéomes, fibromes, cancers, polypes), elles sont très fréquemment accompagnées de troubles oculaires.

Dans la première période, lorsque la tumeur est encore contenue dans les parois des cellules, elle ne détermine pas de symptômes, ou bien on observe de la céphalalgie revenant sous forme d'accès (trijumeau), d'autres fois une sensation de chaleur dans la tête, ou bien encore des accès d'épistaxis. Dans la deuxième période, la tumeur, en se développant, détermine l'ectasie des parois des cellules. Dans la troisième période, elle se propage dans les cavités voisines.

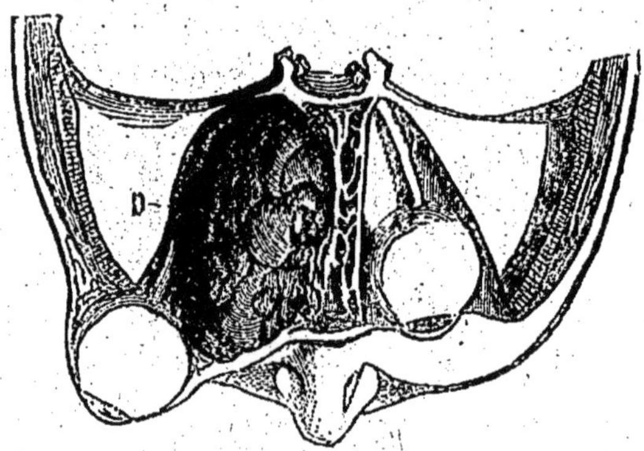

Fig. 3. — Ostéome des cellules ethmoïdales, d'après Maisonneuve (Schéma).

Parmi les parois des cellules ethmoïdales, c'est la *lame papyracée qui est atteinte la première* d'ectasie. On voit alors une tumeur de la paroi interne de l'orbite, qui en se développant, remplit la cavité et déplace le globe oculaire vers le côté temporal. Les symptômes sont les mêmes que ceux que l'on observe généralement dans les tumeurs de l'orbite. Les mouvements qui tendent à diriger le globe oculaire sont gênés. La réfraction est diminuée (on observe de l'hypermétropie dans des yeux qui étaient emmétropes — voir le cas de M. KNAPP). L'acuité visuelle peut rester normale, surtout si l'accroissement de la tumeur est lente ou bien elle est diminuée jusqu'à l'amaurose. On a quelquefois observé le développement d'opacités de la cornée causées par le lagophthalmos dû à l'exophthalmie. Dans un seul cas, il se produisit une atrophie de l'œil, déterminée par une suppuration de la cornée, consécutive à une lagophthalmie. Le champ visuel, examiné plusieurs fois, a été trouvé normal, ce qui réfute la théorie émise par M. ZIEM pour expliquer le rétrécissement du champ visuel dans les affections du sinus maxillaire. A l'examen ophthalmoscopique, on a constaté une névrite optique qui, dans un cas de M. Knapp, était accompagnée d'une atrophie partielle de la choroïde et de la production de brides (plis), dans la partie de la rétine située entre la macula et la papille optique. Presque toujours après l'extirpation de la tumeur, l'acuité visuelle s'améliora ou se rétablit complètement ; plus tard, les mouvements de l'œil redeviennent normaux.

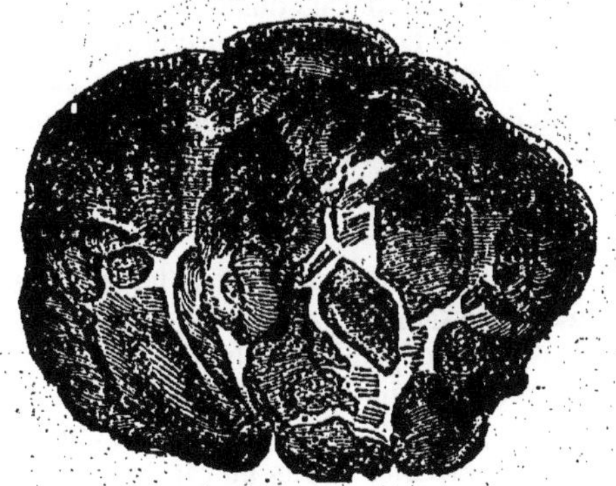

Fig. 4. — Ostéome des cellules ethmoïdales, d'après Maisonneuve. (D'après une photographie.)

Dans quelques cas, au début du développement de la tumeur, on a constaté du larmoiement, soit qu'il se fût agi d'un phénomène réflexe, soit que l'accroissement de la tumeur eût provoqué la compression du canal naso-lacrymal. Ce canal peut même être rempli complètement par la néoplasie dans des cas de tumeurs malignes de l'ethmoïde.

En se développant, les tumeurs diminuent d'abord la cavité des fosses nasales, puis elles l'obstruent complètement. Ces symptômes servent à établir le diagnostic des tumeurs des cellules ethmoïdales. Si leur accroissement continue, ces tumeurs, qui remplissent la fosse nasale d'un côté, provoquent un déplacement de la cloison et finissent par obstruer complètement la fosse nasale du côté opposé. Elles se propagent ensuite dans la cavité naso-pharyngienne et refoulent en bas les os du palais situés du côté malade. Le patient respire alors la bouche ouverte, son langage devient nasillant, la respiration et la déglutition deviennent difficiles et le sens de l'odorat s'affaiblit ou disparait tout à fait.

La présence de troubles oculaires a également une certaine valeur lorsqu'il s'agit d'établir le diagnostic d'une *fracture de l'ethmoïde*. Dans cette fracture, on observe les symptômes suivants : 1° un écoulement continu du liquide céphalo-rachidien par le point

**

qui met en communication la paroi supérieure des cellules ethmoïdales avec les fosses nasales ; 2° de l'épistaxis du côté lésé ; 3° une dislocation et une mobilité anormale de la paroi interne de l'orbite ; 4° le développement d'un emphysème orbitaire ou orbito-palpébral.

Des expériences que j'ai faites sur le cadavre m'ont montré que les symptômes de l'emphysème peuvent même permettre d'établir le point où siège la fracture de la lame papyracée. Si cette fracture est bornée à la partie postérieure de l'orbite, elle ne produit que de l'emphysème orbitaire ; si elle est située à un demi-centimètre en arrière du sac lacrymal, l'emphysème orbitaire est accompagné d'emphysème conjonctival et palpébral. De même, dans les fractures de la paroi interne de l'orbite, si le nerf ethmoïdal postérieur était atteint, il devrait en résulter une anesthésie partielle de la muqueuse nasale ; mais on ne possède pas encore d'observations cliniques sur ce fait important.

Un cas de fracture par contre coup de la lame papyracée publié par M. Baasner, ne me semble pas encore suffisamment éclairci. L'œil du côté blessé était déplacé en dehors et en avant ; il existait un écoulement blanchâtre continu par la narine du même côté. En pressant sur l'œil, on faisait écouler du pus par le nez, et l'œil reprenait ensuite sa place normale. Le cas guérit en faisant le drainage de l'orbite et en pratiquant des injections antiseptiques. Il est probable qu'il s'était développé d'abord de l'emphysème orbitaire et que la cavité de nouvelle formation s'était ensuite remplie de pus.

d) *Affections du sinus sphénoïdal.*

Lorsque j'eus démontré qu'il était possible de diagnostiquer les maladies du sinus sphénoïdal, plusieurs confrères ont porté leur attention sur ces affections. Depuis ma publication sur la chirurgie du sinus sphénoïdal, dans laquelle j'ai donné une bibliographie étendue sur ce sujet, plusieurs nouveaux cas de maladies du sinus sphénoïdal ont été guéris par son ouverture.

Comme *troubles réflexes oculaires*, on observe, dans les affections de la muqueuse du sinus sphénoïdal, qui se rattachent généralement à celles du nez, le resserrement de la fente palpébrale, le larmoiement, la photophobie, le blépharospasme. La céphalalgie concomitante affecte l'occiput, ou bien atteint par irradiation les autres branches du trijumeau. Dans un cas, par exemple, observé par M. Roux, la névralgie affectait le nerf sous-orbitaire, ce qui a fait admettre par cet auteur la présence d'un processus pathologique dans le sinus maxillaire. Il fit la trépanation de ce sinus ; mais l'autopsie démontra qu'il y avait une lésion du sinus sphénoïdal.

On ne peut pas diagnostiquer une affection du sinus sphénoïdal avant que le processus n'ait atteint les organes voisins, surtout le nerf optique.

Nous avons déjà rappelé que le canal optique est sur la limite supéro-externe du sinus sphénoïdal. Des recherches anatomiques m'ont prouvé que la paroi qui sépare le sinus du canal optique est généralement très mince ; mais, exceptionnellement, elle peut être très épaisse d'un côté, ou même des deux côtés. Quelquefois, lorsque cette paroi est mince, elle présente des solutions de continuité qui font que la gaîne du nerf optique est recouverte par la muqueuse du sinus.

Plusieurs auteurs ont observé également des solutions de continuité sur la selle turcique. On comprend ainsi comment un processus inflammatoire peut se propager du sinus vers le nerf optique et les méninges.

Ces solutions de continuité peuvent être aussi produites par l'atrophie sénile des os. Demarquay, par exemple, a vu survenir, chez un vieillard, la cécité et une méningite, à la suite d'une inflammation du sinus sphénoïdal, prouvée par l'autopsie. Cette inflammation avait été causée par une injection nasale très forte de nitrate d'argent, dans un cas où il s'était produit plusieurs récidives, après l'arrachement de polypes.

Un simple *rhume*, lorsque l'inflammation se propage vers le sinus, peut menacer la vue ; il faudrait, je crois, expliquer ainsi plusieurs cas de névrite rétro-bulbaire aiguë par refroidissement.

En se livrant à des recherches attentives, on est étonné de voir combien il est fréquent que la névrite rétro-bulbaire soit précédée d'un rhume aigu. J'ai proposé de donner à ces cas de névrite ou de périnévrite rétro-bulbaire le nom de « canaliculaire ».

Il est difficile d'expliquer autrement comment le nerf optique, situé dans la profondeur de l'orbite, puisse être affecté par le refroidissement, tandis que l'œil lui-même reste intact.

Il existe un symptôme, observé pour la première fois par M. Hock, qui possède une grande valeur pour le diagnostic de cette forme de névrite ou péri-névrite rétro-bulbaire. Lorsqu'il y a de l'inflammation de la gaîne du nerf optique, en dedans du canal optique (1), et que l'on comprime l'œil en arrière, le malade éprouve une certaine douleur. Ce symptôme ne se rencontre jamais, d'après M. Uhthoff, dans la névrite rétro-bulbaire d'origine toxique. On trouve aussi d'autres symptômes concomitants, dans la névrite optique canaliculaire : les mouvements de l'œil sont douloureux et il se produit de la douleur dans l'œil et dans le front. Au début, l'examen ophthalmoscopique est toujours négatif ; mais, dans les cas avancés, on trouve les signes de la névrite optique.

Dans cette névrite résultant d'une péri-névrite optique *intra canalem opticum*, l'amaurose se manifeste en général très rapide-

(1) Leber, Graefe. Saemisch Handbuch. V. p. 813.

ment. Le plus souvent, la névrite rétro-bulbaire aiguë n'affecte qu'un seul côté ; mais il est des cas où le processus envahit les deux yeux, en produisant une amblyopie subite ou de l'amaurose. Dans la névrite rétro-bulbaire aiguë bilatérale, les deux yeux sont tou-

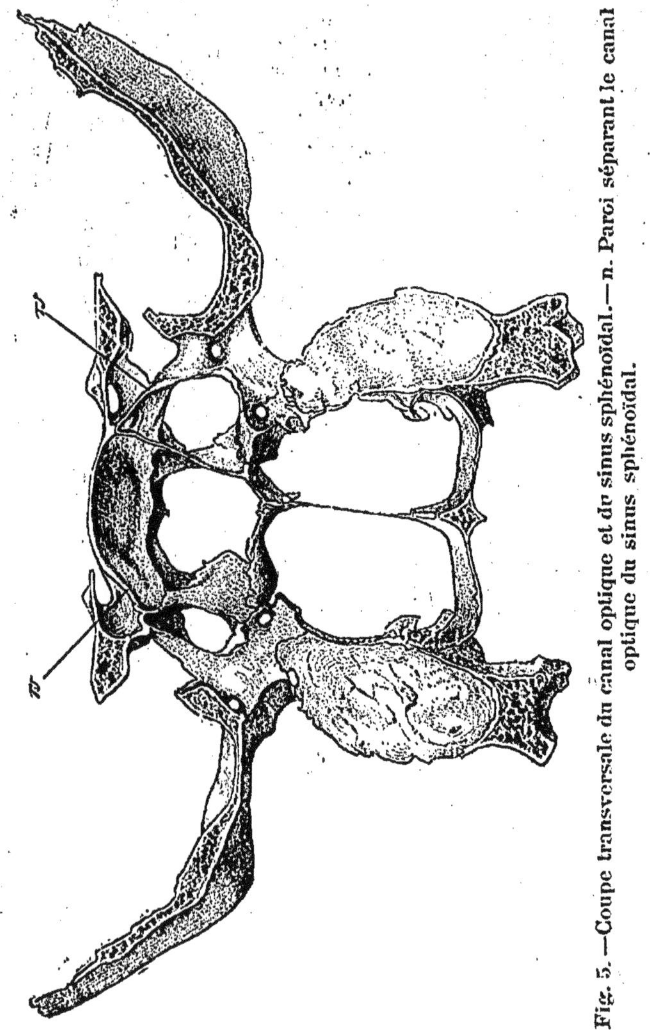

Fig. 5. —Coupe transversale du canal optique et du sinus sphénoïdal.— n. Paroi séparant le canal optique du sinus sphénoïdal.

jours atteints d'amaurose *l'un après l'autre* [Perlia (1)]. Le canal optique étant très étroit, il est facile de comprendre que le gon-

(1) Perlia, *Klin. Monatsbl.* 1886.

flement de la gaîne optique puisse entraver le fonctionnement des fibres nerveuses. On n'a encore donné aucune explication de ces cas de névrite rétro-bulbaire. On a seulement constaté que l'affection a son siège dans le canal optique et qu'elle est causée par un refroidissement. On obtient de bons résultats thérapeutiques en provoquant, chez le malade, la sécrétion de la sueur. La guérison peut être complète ; néanmoins le pronostic est sérieux.

Mon observation a porté sur trois cas, dont deux se sont terminés par une amaurose unilatérale :

1° Une femme de 27 ans remarqua, à la suite d'un refroidissement et d'un rhume, qu'elle ne voyait plus du tout de l'œil gauche. Elle consulta son médecin, qui ne trouva pas d'altération du fond de l'œil et la tranquillisa, en lui donnant l'assurance que ces troubles oculaires seraient passagers. J'ai eu l'occasion d'examiner la malade dix ans après : la pupille gauche était dilatée et ne réagissait pas à la lumière ; la papille optique était atrophiée, et il n'y avait pas de trace de sensations lumineuses.

2° Un médecin, le docteur G. de Klagenfourt, s'aperçut par hasard que, lorsqu'il fermait un œil, il ne voyait pas de l'autre. Il consulta aussitôt un professeur d'ophthalmologie, qui constata l'amaurose et, quelque temps après, l'atrophie du nerf optique. Cette amaurose persista. Le malade avait conservé pendant très longtemps un rhume compliqué de céphalalgie.

3° Dans un troisième cas, l'amaurose disparut complètement. Le docteur P., âgé de 68 ans, bien connu comme médecin et comme savant, m'a raconté qu'à Carlsbad, au moment où une mouche volait vers son œil droit, il ferma les paupières et remarqua qu'il ne voyait pas de l'autre œil. Un professeur d'ophthalmologie, de passage à Carlsbad, constata effectivement que l'œil était bien amaurotique, mais que le fond en était normal ; la pupille ne réagissait pas à la lumière. On attribua à un refroidissement la cause de ces troubles oculaires et l'on essaya un traitement sudorifique par le salicylate de soude. L'acuité visuelle se rétablit complètement.

La *carie et la nécrose du corps du sphénoïde* peuvent également produire ou ne pas produire de troubles oculaires. Lorsqu'ils se manifestent, la propagation du processus se fait vers le nerf optique, l'orbite, etc. On a constaté, par exemple, dans cette affection :

1° La cécité subite unilatérale, avec phlegmon orbitaire. Plusieurs autopsies ont prouvé que cette cécité était produite par une périnévrite du nerf optique, dans le canal optique ;

2° Quelques parties de l'os peuvent se détacher lentement sans déterminer aucun trouble oculaire ; puis, il survient une méningite ;

3° Une partie de l'os se détache subitement et est expulsée par le nez ;

4° Il se produit une perforation de la paroi qui sépare le sinus sphénoïdal du sinus caverneux, et il en résulte une hémorrhagie mortelle ;

5° Un abcès rétro-pharyngien se développe ;

6° Il s'établit une thrombose du sinus caverneux et de la veine ophthalmique, consécutivement à celle du sinus veineux circulaire de la selle turcique ;

7° Il y a perforation de la paroi inférieure du sinus sphénoïdal, sans aucun autre symptôme.

Pour le diagnostic des *tumeurs du sinus sphénoïdal*, la constatation des troubles oculaires peut avoir une grande importance. Pendant le développement de ces tumeurs, on peut distinguer quatre périodes :

1° La tumeur reste enfermée entre les parois du sinus ; il n'existe aucun symptôme, ou de la céphalalgie seulement.

Fig. 6. — Déformation de la face par une tumeur (sarcome) occupant les cellules ethmoïdales et le sinus sphénoïdal (d'après Loewy).

2° La tumeur, en augmentant de volume, élargit les parois du sinus sphénoïdal, amène leur atrophie et détermine la compression des organes voisins. Cette compression peut ne s'exercer que sur l'un des nerfs optiques ou les affecter tous les deux, et entraîner ainsi l'amaurose unilatérale ou totale.

3° Dans la troisième période, la tumeur se propage en dehors des parois du sinus. Elle arrive dans la cavité naso-pharyngienne, dans les cellules ethmoïdales, dans l'orbite et enfin dans la cavité crânienne. La perforation du crâne peut ne se manifester par aucun symptôme ou par des céphalalgies très violentes.

4° La quatrième période est caractérisée par des métastases dans divers organes (tumeurs malignes).

Pendant le cours du développement de ces tumeurs, il se produit souvent des accès épileptiformes.

Si la tumeur augmente rapidement de volume, il se déclare de la méningite ou un abcès cérébral, peu de temps après la perforation de la base du crâne.

Les tumeurs et les autres altérations morbides qui se développent dans le sinus sphénoïdal et comprimant le nerf optique dans son canal compriment en même temps l'artère ophthalmique qui accompagne le nerf, sans cependant qu'on puisse constater de phénomènes indiquant l'anémie de l'organe de la vision. En voilà la raison anatomique. Nous savons, d'après Cruveilhier et Testut, qu'il existe plusieurs rameaux d'anastomoses entre l'ophthalmique et les branches des carotides externe et interne :

1° Des rameaux orbitaires de l'artère sous-orbitaire (branche de la maxillaire interne) communiquent avec la palpébrale, (branche de l'ophthalmique) ; 2° Au niveau de la fente sphénoïdale, dans la partie la plus étroite de cette fente plusieurs rameaux de la méningée moyenne pénètrent dans l'orbite et doivent anastomoser avec l'ophthalmique ; 3° Il y des anastomoses de l'artère faciale avec l'ophthalmique dans le grand angle de l'œil (Cruveilhier) ; 4° Testut mentionne spécialement les anastomoses de l'artère lacrymale (de l'ophthalmique) avec la temporale profonde antérieure ; 5° Les artères ethmoïdales antérieure et postérieure fournissent des rameaux qui doivent s'anastomoser avec les vaisseaux de la méningée moyenne (l'anastomose se fait par les trous de la lame criblée de l'ethmoïde).

Les *fractures du corps du sphénoïde* produisent les symptômes suivants :

1° Dans les fissures de la paroi-supérieure du sinus sphénoïdal, on observe l'écoulement du liquide céphalo-rachidien par le nez.

2° Le détachement d'un morceau du corps du sphénoïde peut blesser la carotide interne, en dedans du sinus caverneux, et causer l'exophthalmie pulsatile (Nélaton, Delens).

3° En se continuant dans le canal optique, la fracture peut amener la compression ou la déchirure du nerf optique dans ce canal et, par suite, l'amaurose ;

4° Si la fissure suit les trous rond ou ovale, elle produit l'anesthésie de la deuxième ou de la troisième branche du trijumeau. Il peut exister en même temps une déchirure ou une blessure d'autres nerfs cérébraux.

En ce qui concerne la nature des troubles oculaires, nous pouvons dire que le *rétrécissement du champ visuel* caractérise plus spécialement les tumeurs du sinus sphénoïdal. Au début, il est temporal et se propage ensuite concentriquement. C'est le centre du champ visuel qui reste intact le plus longtemps. Voici comment j'explique ce fait. Les fibres du nerf optique, voisines du sinus sphénoïdal, se terminent dans la partie interne de la rétine, et c'est cette partie qui est affectée à la portion temporale du champ visuel. Comme dans le canal optique, les fibres qui se terminent dans la macula sont situées, d'après les expériences de M. Samelsohn, dans l'axe du nerf, ce sont elles qui sont atteintes les dernières par la tumeur, puisqu'elle se propage de la périphérie vers l'axe.

A l'examen ophthalmoscopique, on observe la névrite optique, puis l'atrophie du nerf optique.

J'ai recueilli, dans une monographie, 23 cas d'amaurose consécutive à une affection du sinus sphénoïdal ; l'autopsie a démontré que l'amaurose avait été produite par la compression du nerf optique dans le canal optique. J'ai signalé deux nouveaux cas dans ma « Chirurgie du sinus sphénoïdal » ; il faudrait aujourd'hui y ajouter les cas de MM. Nettleship (amaurose par exostose du sphénoïde), Smith (hyperostose des grandes ailes du sphénoïde) et Loewy (sarcome du sphénoïde et de l'ethmoïde).

Les cas où les troubles oculaires ne se présentaient que d'un côté ou manquaient entièrement m'avaient fait soupçonner qu'il devait exister des différences d'épaisseur dans la paroi qui sépare le sinus sphénoïdal du canal optique ; c'est ce que j'ai, en effet, vérifié par l'examen anatomique.

En se développant davantage, la tumeur peut remplir le canal optique, séparer les parties intra-orbitaire et intra-crânienne du nerf optique et se propager dans l'orbite ; il en résulte de l'exophthalmie et tous les autres symptômes des tumeurs de l'orbite.

A mon avis, toutes les fois que l'on soupçonne l'existence d'une affection du sinus sphénoïdal, surtout en présence d'une tumeur rétro-pharyngienne, il est nécessaire de pratiquer l'examen ophthalmoscopique et celui du champ visuel.

F. — Troubles oculaires dans les affections des sinus causés par les maladies infectieuses.

Un certain nombre de troubles oculaires qui se développent dans le cours de quelques maladies infectieuses peuvent trouver leur cause dans l'existence concomitante d'affections des sinus. Les autopsies ont prouvé combien les affections des sinus sont fréquentes dans les maladies infectieuses, surtout dans la *fièvre typhoïde*, dans la *pneumonie* et dans *l'influenza*. Les altérations des sinus, dans la fièvre typhoïde, ont été constatées anatomiquement par MM. Gietl (1860), Kern (1856), Vogel, Zuccarini et surtout par Weichselbaum (1). Ce dernier a observé également que ces altérations étaient très fréquentes dans la pneumonie (2) et dans l'influenza. Il a trouvé des pneumocoques accompagnés ou non du staphylococcus pyogenes aureus dans les sinus de personnes mortes d'influenza ou de pneumonie, et il lui semble très probable que, dans les cas de méningite, c'est par cette voie que les microbes ont pu pénétrer dans le crâne.

Pour la fièvre typhoïde, on n'a pas encore trouvé le bacille d'Eberth dans les sinus ; mais on sait que, même plusieurs mois après la terminaison de cette maladie, on peut le rencontrer dans des abcès sous-périostaux (Cornil). Il est possible, d'ailleurs, que d'autres microbes se greffent aussi sur les muqueuses des sinus, qui sont atteintes dans la fièvre typhoïde.

Certains troubles oculaires du début de l'influenza sont absolument analogues à ceux que nous avons étudiés, comme symptômes réflexes, dans les affections du nez et des sinus ; tels sont : la photophobie, l'hypérémie conjonctivale, l'injection péri-cornéenne. La douleur dans les muscles de l'œil pendant leurs mouvements, la fatigue de ces muscles pendant le travail rappellent les symptômes réflexes ayant leur origine dans le trijumeau. On observe très souvent de l'asthénopie musculaire, au début de l'influenza. M. Eversbusch a essayé d'expliquer les sensations douloureuses dans les muscles de l'œil par l'action des ptomaïnes ; mais on sait actuellement que les ptomaïnes produisent la paralysie des muscles à la fin de la maladie. Il se produit généralement aussi, dans l'influenza, des douleurs orbitaires analogues à celles que l'on observe dans les affections des cavités voisines du nez.

Quelques variétés d'affections du nerf optique consécutives à l'influenza ne peuvent être expliquées que par une altération siégeant en dedans du canal optique (Bergmeister), et ce sont particulièrement ces variétés qui répondent tout à fait à ce que nous savons de la névrite optique rétro-bulbaire canaliculaire ; elles guérissent aussi très bien par les injections hypodermiques de pilocarpine (Landsberg).

D'autres affections du nerf optique que l'on rencontre dans l'influenza, le scotome central, par exemple, sont d'origine toxique

(1) Weichselbaum, cité par Berger et Tyrman, loc. cit., p. 20

(2) Weichselbaum, Wiener Gesellschaft d. Aerzte, 1888, 10 novembre.

(ptomaïnes) ; je le montrerai, d'ailleurs, dans une autre communication.

Quant à la névrite optique rétro-bulbaire canaliculaire, il est probable qu'elle provient de la propagation, à la gaîne du nerf optique, de l'inflammation de la muqueuse du sinus sphénoïdal. (Voir ma Chirurgie du Sinus sphénoïdal, p. 31.).

Il est vraisemblable que certaines névralgies du trijumeau, qui se développent pendant ou à la suite de l'influenza (MISPELBAUM) (1) sont le résultat de l'état irritatif des organes terminaux du trijumeau, situés dans les cavités voisines du nez. On a vu de ces névralgies (sus-orbitaires et sous-orbitaires), se montrer réfractaires au traitement électrique.

J'ai observé, dans l'épidémie d'influenza de 1889-90, un cas très violent de névralgie sus-orbitaire droite, accompagnée de photophobie, de blépharospasme et d'injection péri-cornéenne (affection probable du sinus frontal), dont la guérison survint en quelques jours, après un écoulement de sécrétion purulente par la narine droite. Il me semble également probable que les abcès très profonds des paupières supérieures, que l'on a constatés à la suite de l'influenza (LANDOLT et autres auteurs) sont la conséquence d'affections du sinus frontal. Je crois de même qu'un cas décrit par M. LYDER BORTHEN comme abcès métastatique de l'orbite, et qui s'est ouvert dans l'angle interne de l'œil, est dû à la propagation d'une inflammation des sinus vers le tissu orbitaire (*Klin. Monatsbl.* 1891.)

Dans un cas de M. WEICHSELBAUM (2) concernant un jeune homme, l'influenza se compliqua, huit jours après son début, d'un abcès de la paupière supérieure qui fut incisé. Le lendemain, des phénomènes méningitiques éclatèrent et la malade ne tarda pas à succomber. Dans ce cas, comme dans tous les cas d'influenza examiné par M. WEICHSELBAUM les sinus étaient gorgés de pus.

Ces abcès orbitaires peuvent même n'apparaître que quelques semaines après la terminaison de la maladie.

Je n'ose pas affirmer que les affections des sinus soient également la cause de l'apparition de certains troubles oculaires dans toutes les autres maladies infectieuses. Mais cette voie de propagation du processus vers l'organe de la vue a été établie pour la *fièvre typhoïde*.

M. NIEDEN (3) a publié un cas, de névralgie sous-orbitaire droite et de blépharospasme du même côté après une fièvre typhoïde suivie d'une rhinite suppurative droite.

(1) MISPELBAUM, UEBER. Psychosen nach Influenza. *Zeitsch. f. Psychiatrie*, 1890, fasc. I.

(2) WEICHSELBAUM, Wiener Ges. d. Aerzte, 1890, 31 janvier.

(3) NIEDEN, *Archiv f. Augenheilk.*, XIV, fasc. 3,4.

On fit la trépanation ; il s'écoula du pus venant du sinus maxillaire, et le tic douloureux, ainsi que le blépharospasme disparurent.

Les affections des cavités voisines du nez peuvent persister pendant des années après la terminaison de la fièvre typhoïde. Elles provoquent, par voie réflexe, des céphalalgies, du blépharospasme et même des spasmes cloniques des muscles de la face, semblables au tic convulsif ; c'est ce que j'ai observé une fois.

Pour expliquer comment ce dernier symptôme se rattache à un trouble réflexe d'origine du trijumeau, il suffit de rappeler un cas de M. Leber, dans lequel la névrectomie du nerf sus-orbitaire fit disparaître le tic convulsif. Voici l'observation du cas que j'ai recueilli moi-même dans ma clinique :

M. G., âgé de 28 ans, comptable, se présenta avec un clignotement des paupières et des contractions cloniques des muscles de la face. Il n'avait jamais été malade dans son enfance ; mais cinq ans auparavant, il avait été atteint de la fièvre typhoïde. Dans la convalescence de cette maladie, des maux de tête se déclarèrent, et, depuis ce temps, les accès de céphalalgie se renouvelèrent très fréquemment. Les douleurs étaient localisées des deux côtés, dans la région sourcillère dans le front et dans la joue. L'examen ophthalmoscopique ne révéla aucune anomalie ; il existait une myopie de une D., une légère conjonctivite, du larmoiement, de la photophobie, et de l'injection péri-cornéenne. L'acuité et le champ visuels étaient normaux.

L'examen rhinoscopique montra qu'il existait un léger gonflement de la muqueuse des cornets moyen et inférieur.

Les nerfs sus et sous-orbitaires étaient un peu sensibles à la pression ; les douleurs, par leur localisation, me firent penser que le blépharospasme pouvait être un symptôme réflexe d'une affection des cavités voisines du nez. Je fis alors pratiquer le lavage du nez et de cavités voisines avec une solution de chlorure de sodium et de bicarbonate de soude, d'après la méthode de Kessel. Quelques injections suffirent pour soulager les douleurs névralgiques et, après un mois de traitement, le malade se présenta à ma clinique entièrement guéri ; le blépharospasme existant depuis la convalescence de la fièvre typhoïde et les maux de tête avaient complètement disparu. Cinq mois après, j'ai revu le malade et j'ai pu constater qu'il était toujours en parfait état.

La présente communication a eu pour but d'attirer l'attention de nos confrères sur le rôle important que jouent les cavités voisines du nez dans la production de quelques troubles oculaires (1). Je demeure convaincu que celui de nos collègues qui voudrait s'adon-

(1) Voir la thèse de Kaplan, publiée sous ma direction : Le Sinus sphénoïdal comme voie d'infection intra-crânienne et orbitaire. Paris 1891, 23 décembre.

ner à l'étude attentive de cet intéressant sujet y ferait encore de nombreuses découvertes, susceptibles d'expliquer l'origine de troubles oculaires, dont la cause nous échappe aujourd'hui.

Les maladies des sinus sont généralement considérées comme des raretés. Il n'en est rien cependant ; c'est leur diagnostic qui est rarement établi. L'origine des troubles réflexes que provoquent ces affections nous échappe donc très fréquemment.

Pour le traitement des maladies des sinus, dont la guérison fait disparaître les troubles oculaires, je renvoie surtout à l'importante communication de M. Bresgen (1), et à ma brochure sur la chirurgie du sinus sphénoïdal.

(1) Bresgen, *Deutsche Medizinische Wochenschrift*, 1890.

BIBLIOGRAPHIE

Troubles oculaires dans les maladies des fosses nasales.

Foerster, Graefe u. Saemisch Handbuch, VII, p. 62. — *Jacobson*, Beziehungen der Veraenderungen u. Krankh. d. Sehorganes zu Allgemein u. Organleiden, p. 72. — *Burow*, cité chez *Jacobson*, loc. cit., p. 124. — *De Lapersonne*, Archives d'ophthalmologie, 1885, sept.-oct. — *Rampoldi*, Annali di oftalmologia 1885, F. 4. — *Rothziegel*, Wiener med. Bl. — *Grüning*, Medical Record, 1886, 30 janvier. — *Nieden*, Archiv f. Augenheilk. XVI, p. 381 (1886). — *Berger*, Ibidem, XVII, p. 293 (1887). — *Hamilton*, Journal of Laryngologie, juin 1890. — *Ziem*, Allgem. med. Centralzeitung, 1886, n° 23. — Centralbl. f. Augenheilk., 1887, p. 358. — Berlin. klin. Wochenschr., 1888, n° 23. — Ibidem, 1889, n° 5. — *Lennox-Brown*, Brit. med. Journ., 28 mai 1887. — *Hack*, Deutsche med. Wochenschr. 1886, n° 25. — *Hirschberg*, Virchow's Archiv. LXIII, p. 270. — *Ponfick*, Centralbl. f. med. Wissensch, 1887, n° 3. — *Boerne Bèthmann* Chicago med. Soc, 1887, 17 janvier. — *Schmidt-Rimpler*, Klinische Monatsbl. f. Augenheilk. octobre 1887. — *Rotholz*, Deutsche med. Wochenschr. 1887, n° 52. — *Faravelli e Kruch*, Annali di oftalmologia, 1883, fasc. 3. — *P. W. Maxwell*, Brit. med. Journ., 1888. — *Wagenmann* Graefe's Archiv, XXXV, 4. — *Knapp*, Amer. Ophthalm. Soc., 1882. — *Trousseau*, Soc. d'ophthalmologie de Paris, 1889, avril. — *Augagneur*, De la kérato-conjonctivite phlycténulaire, Lyon 1888. — *Abadie*, Soc. d'ophthalmologie de Paris, novembre 1888. — *Despagnet*, Rev. d'ophthalm., 1889, sept. — Soc. franç. d'ophthalm., 1889. — *A. Bronner*, Amer. Journ. of ophthalm., 1889, novembre. — *Moauro*, Giornale de l'Associazione dei Naturalisti e Medici, 1889. — *C. H. Moore*, Amer. Rhinolog. Associat. 1889. — *Van Millingen*, Archives d'ophthalmologie 1889, nov.-déc. — *Knapp*, New-York Académie of Medicin., 20 janvier 1890.

Troubles oculaires dans les maladies des sinus frontaux.

Borthen Lyder, Graefe's Archiv. XXXI, 4. — *Nieden*, Archiv f. Augenheilk, 1886, 314. — *Magnus (H.)* Klinische Monatsbl. f. Augenheilk., 1886, déc. — *Peltesohn*, Centralblatt f. Augenheilk., 1888, p. 35. — *Elschnig*, Wiener med. Wochenschr., 1888, n° 4. — *E. Treacher* and *C. H. Walker*, Ophthalmic Hospital Rep., 1889. — *C. H. Walker*, Ibidem, 1889, IV. — *Panas*, Bull. de la Société franç. d'ophthalmologie, 1890. — *Guillemain (A.)*, Archives d'ophthalmologie, 1891, janvier-février. — *Martin* (P.). Tumeurs des sinus frontaux, Thèse de Paris, 1888.

Troubles oculaires dans les maladies du sinus maxillaire.

Ziem. Monatsschr. f. Ohrenheilk., 1887, n° 10-4. — Berlin. klin. Woch., 1888, n° 37. — Allgem. Med. Centralzeitung, 1887, n° 37, Ibidem n. 48-49. — *Courtaix*, Recherches cliniques sur les relations pathologiques entre l'œil et les dents. Thèse de Paris, 1891.

Troubles oculaires dans les maladies des cellules ethmoïdales.

Berger (E.) und *Tyrman* (*J.*) Krankheiten der Keilbeinhoehle u. des Siebbeinlabyrinthes, Wiesbaden, 1886. — *Baasner* (*R.*), Munchner med. Woch., 1887, n. 18.

Troubles oculaires dans les maladies du sinus sphénoïdal.

Berger (*E.*) und *Tyrman* (*J.*) Krankheiten der Keilbeinhoehle u. des Siebbeinlabyrinthes. Wiesbaden 1886. — *Nettleship*. Ophthalmic Society of the united Kingdom, 1887, 27 janvier. — W. J. *Smith*, Arch. f. Augenheilk., 1889, XX, 2. — *Loewy* (*A.*), Centralbl. f. Augenheilk., 1890. — *Berger*(*E.*) Les symptômes des maladies du sinus sphénoïdal. Bull. de la Soc. franç. d'Otolog. et de Laryngologie 1888., — *Berger* (*E.*) La chirurgie du sinus sphénoïdal. Paris, 1890. — *Girard-Marchand*, in Traité de Duplay et Reclus, t. IV.

Clermont (Oise). — Imprimerie Daix frères, place Saint-André, 3

112

www.ingramcontent.com/pod-product-compliance
Ingram Content Group UK Ltd.
Pitfield, Milton Keynes, MK11 3LW, UK
UKHW020355250726
13967UKWH00005B/2287

9 782013 031714